社区营造工作指南

创建街区未来的63个工作方式

[日] 飨庭伸　山崎亮　小泉瑛一　著　　　　金　静　吴　君　译

上海科学技术出版社

图书在版编目（CIP）数据

社区营造工作指南：创建街区未来的63个工作方式/
[日]饭庭伸，[日]山崎亮，[日]小泉瑛一著；金静，
吴君译.—上海：上海科学技术出版社，2018.8（2023.11重印）
（建筑设计系列）
ISBN 978-7-5478-4038-2

I.①社… Ⅱ.①饭… ②山… ③小… ④金… ⑤吴
… Ⅲ.①社区建设－日本－指南 Ⅳ.①TU984.313-62

中国版本图书馆CIP数据核字（2018）第119096号

MACHI-ZUKURI NO SHIGOTO GUIDEBOOK by Shin Aiba, Yoichi
Koizumi, Ryo Yamazaki
Copyright © Shin Aiba, Yoichi Koizumi, Ryo Yamazaki, et. al. 2016
All rights reserved.
First published in Japan by Gakugei Shuppansha, Kyoto.
This Simplified Chinese edition published by arrangement with Gakugei
Shuppansha, Kyoto in care of Tuttle-Mori Agency, Inc., Tokyo.

上海市版权局著作权合同登记号 图字：09-2017-1132号

社区营造工作指南：创建街区未来的63个工作方式

[日]饭庭伸 山崎亮 小泉瑛一 著
金 静 吴 君 译

上海世纪出版（集团）有限公司
上海科学技术出版社 出版、发行
（上海市闵行区号景路159弄A座9F-10F）
邮政编码201101 www.sstp.cn
上海盛通时代印刷有限公司印刷
开本787×1092 1/32 印张7
字数150千字
2018年8月第1版 2023年11月第6次印刷
ISBN 978-7-5478-4038-2/TU·262
定价：48.00元

致中国的读者们

　　"城市规划"这个词，不论是在中国还是在日本都是耳熟能详的词汇了。在日本，伴随着"城市规划"诞生的"社区营造"一词已经被广泛使用以久。"社区营造"一词蕴含了市民或居民持续地为自己的社区进行营造活动的意思。社区营造在与粗犷又强硬的城市规划之间，时而争斗、时而互补的过程中，走过了近50年的历程，通过社区营造为日本的城市增添了更多舒适宜人的场所。同时在这段历程中也诞生了许多"社区营造的工作"。本书整理了日本社区营造方面的工作，但在社会环境和城市规划手法与日本截然不同的中国社会，将会发挥什么样的作用呢？本书并不是以高高在上的态度，条条框框地阐述"工作意味着什么"。书中收录的是，许许多多日本的社区营造专家们，他们的所思所想，以及他们是如何从事相关工作的故事。我希望对于中国读者来说，阅读这本书就像是在聆听一个个在邻国努力着的邻居的故事，如果能从中收获为中国的未来创造出更多新工作的灵感就更好了。社区营造的工作，不仅仅意味着以维持自身的生存为目的的工作，同时意味着通过这份工作来自主地营造出自己与身边人赖以生活的社区。我真诚地希望，这本书能为营造出更为宜居的中国的社区出一份绵薄之力。

绽庭伸

前　言

　　社区营造这个词，虽然是日本在第二次世界大战以后诞生的一个年轻的词汇，但并不是从法律与制度中最先被定义再开始使用的。"社区"与"营造"这两个简单词汇的组合，正因为简单而被人们口口相传，现在已经是被广泛使用的词了。

　　无论是与当地的人们一起挖掘特产来开启小型的商业活动，还是与土地的所有者一起开发社区中必需的商务楼；无论是给吃不上早餐的孩子们提供食物，还是在灾后运用区划整理来重建能够应对灾害的社区，这些都是社区营造。无论是要面对的问题，还是与其相对应的现场解决方案，社区营造的活动在不断增加。

　　这本书中收集了在社区营造传播过程中孕育而生的63个工作方式。其中也有不少是才诞生不久的工作。社区营造是个年轻的词汇，不仅有形式和方法已然确定的专业职能，书中还列举了不少面对多种多样的社会问题，能够灵活而富有创造性地给予解决方案的工作。

在这里，我们把63个工作方式分为5个类别做介绍。"联动社区发起项目"的部分，介绍了解决社区最前线问题的14个工作方式。"街区设计"的部分，介绍了将社区营造活动赋于形体的12个工作方式。"土地与建筑的商业活动"的部分，介绍了在准备好土地与建筑的基础上，如何使其顺利进展下去的11个工作方式。"支持社区营造的调查与规划"的部分，介绍了对社区问题的分析与方案设计给予支持的12个工作方式。"社区的制度与支援措施"的部分，介绍了为支持社区营造的工作而创造环境的14个工作方式。这5种分类并不是那么严谨，希望读者把这些内容当作一个指南，从中找到自己中意的工作。

各个类别里面还分3块内容。

"先锋访谈"的部分，是对基于这个类别的工作与经验开辟出新事业的开拓者进行的访谈。我们把采访的焦点放在个人身上，希望读者可以从中获得自身事业的参考。

接着是各个工作的概要，即工作指南，通过合页版进行介绍。我们邀请了活跃在各个现场一线的人们来亲自撰写。希望读者并不是只读自己关心的部分，而是通过这部分的阅读，得到多种多样的工作上的启示。

"社区营造创业者"的部分，介绍的是刚刚诞生的一些新的工作。文章的焦点放在给出不一般的解决方案的那些特定组织上。希望读者能够感受到一份新工作在诞生之后的日益成长。

做社区营造的工作，其实是把自己人生所拥有的时间为社区所用，而获得的报酬再用来组建自己的人生，也就是在自己与社区之间创造出经济活动。这种各式各样的人都能创造出小型经济活动的方式，会使得整个社区的经济构造慢慢恢复平衡，而日本大部分地区还没能达成的可持续性经济，也应该会相继实现了。

我期待着这本书可以为读者成为社区中经济的主体而踏出第一步创造契机。

饭庭伸

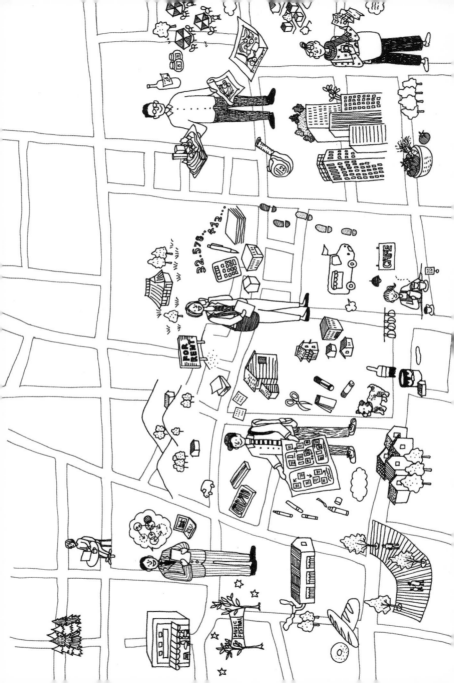

目　录

第一章　联动社区发起项目

先锋访谈

第二章　街区设计

社区营造创业者

社区营造共创者

第三章　土地与建筑的商业活动

先锋访谈

社区营造创业者

社区营造共创者

第四章　支持社区营造的调查与规划

先锋访谈

社区营造创业者

社区营造共创者

第五章　社区的制度与支援措施

先锋访谈

第一章

联动社区发起项目

与许许多多的人相遇,考虑大家的共同利益,并共同实现它就是社区营造。这一章会介绍在人与地区接触的过程中诞生的现场最前线的工作。与其他职业相比,社区营造工作的专业职能未被明确地确立下来,也不存在职业资格证书。虽然具有挑战性的工作居多,然而这份职业可以体会到社区营造诞生带来的喜悦,以及未知的前景所带来的乐趣。(饗庭伸)

创造社区规划师这份职业

富山县冰见市　城市与社区营造政策监察

浅海义治

1956年出生于福冈县。北海道大学农学部农学科毕业。曾就职于景观设计事务所，后于美国的大学研究生院及顾问公司积累了市民参与型项目的经验。1991年设立了世田谷社区营造中心，2005年担任该中心的所长，2015年担任世田谷Trust社区营造综合科科长，2016年开始任职于富山县冰见市的城市与社区营造政策监察部门。

构筑起"参与式社区营造"这份专职

现在，我虽然作为行政人员任职于冰见市政厅的"城市·社区营造政策监察"岗位，但在这之前，我曾在东京世田谷区的中间支援组织（架起政府与地区间的桥梁，给各种相关活动提供支持的组织）——"社区营造中心"工作了25年。在美国与日本的城市规划与景观设计领域的民营顾问公司积累了工作经验后，经历中间支援组织的工作，再转到政府机关工作。在几经转折的职业历程中，我一直想要贯彻的是通过参与协作来进行地域设计。一路上在各个国家积攒的经验，对于社区营造的协调工作有着很大的帮助。

浅海义治先生，在世田谷社区营造中心等组织中，推进参与式社区营造，至今已有25多年。

　　我学生时代在北海道大学农学部学习了景观规划，毕业后进入了景观设计事务所，在日本与马来西亚展开相关工作。然而两年后我察觉到在日本学到的环境设计的常识无法通用于马来西亚。此外，我也体会到通过与市民交流来确立城市规划与各项目的意义的这一过程十分艰难。这促使我想结合各地风土气候与生活方式来思考各个项目，认真学习市民参与的手法，从而牵引出当地真正需要的东西。为此我进入了加州大学伯克利分校，在环境设计学院的研究生院学习。

　　我研读"Urban and Community Design"的课程并

完成了"城市与地域规划"与"景观建筑"的专业学习后，进入了当地的咨询公司MIG工作。通过着手市民参与式城市规划项目，以及面向儿童的环境设计等项目，我积累了主持市民讨论会、设计市民参与的过程、项目管理等实际经验。

"世田谷社区营造中心"的启动

另一方面，20世纪80年代后期，东京世田谷区开始了"社区营造中心构想"。当时我所在的MIG接到了他们来美国进行社区营造案例考察的游学委托，我就带着约20人的考察团到美国各地的现场考察，这也是我与世田谷社区营造负责人相识的契机。这之后，我回国刚好赶上"世田谷社区营造中心"的设立，于是1991年我作为专业人员受邀加入了组织，开始了筹备工作。

世田谷区是从20世纪80年代开始推行市民参与型社区营造的，但是在1992年才提出了"从参与到协作"的口号，创办了以居民为主体的、为社区营造活动提供支持的"世田谷社区营造中心"。在日本还没有"NPO"（非营利机构）这个词的时代，我们把支持地方社区营造活动的"非营利专业组织"的普及作为目标，把不被政府条例束缚的社区营造作为理念来倡导，我认为这些做法在当时是领先的。

自从组织设立以来，这25年我都在从事着社区营造相关的工作。起初仅由4人创办这个组织，到我离开的前一年，工作人员已经增加到了20人，当时我的职务是运营总监。

所有工作都是摸索着开始

在社区营造中心设立之初，我们并没有做好具体的事业规划，仅有站在居民、政府、企业这三者之间来"支持市民的社区营造"这个任务是明确的。此后，我们一路摸索着构筑起了社区营造中心的活动形式。我们举办了社区营造方案竞赛，通过开展市民参与型工作坊征集公共设施的设计，通过社区营造基金来支持活动的举办。从创造契机让市民对社区事务产生关心，到社区营造现场的协调工作，再到对市民活动进行协助与人际网络的建立，面对需要解决的问题，我们开拓了一连串的工作内容。采用公开评审的方式运营"社区营造基金"、发行《参与式设计的道具箱》刊物，以及将市民参与式工作坊推广到全国等，在这些方面我们为开拓新时代做出了贡献。

在推进许多市民参与的项目时，我们将其与区政府的各部门建立协作关系。这样的协作体验，对社区营造中心取得政府的信赖起到了决定性的作用。市民中也涌现出了对社区营造的理念产生共鸣的人，因此，越来越多的人愿意协助我们的工作。社区营造中心能够顺利发展至今，我想很大程度上要归功于世田谷这个地区的巨大潜力。

社区营造中间支援组织的三种工作

"世田谷社区营造中心"的主旨是实践并构筑"公共的新模式"。为达成这个目标,我们进行着三种形式的工作。

第一种是在公共设施中逐渐培养起市民活动的基础。比如,在"狗尾巴草公园"和"樱丘SUMIREBA自然庭院"的项目中,从设计到管理运营,我们与市民共同创造出一种新的公共设施的形象。在开展工作坊时,我们抛出需要进一步讨论的问题,搭建起市民、政府与设计师之间的对话平台,为持续地培育社区营造现场而构筑起邻里社区。这个过程中,我既是主持讨论的人,也是一名规划师。

第二种是把私人住宅与庭院打造成社区共享的栖息处(公共的场所)。把闲置的空房向社区开放,作为孩子们或是地区居民的交流场所——"地域共生之家"。把私人庭院向社区开放,成为"市民绿地""小森林"等。我们创造了一套机制来推进这些项目。这是一种能把个人所拥有的社区资源分享给大家并且不断传播出去的举措。在世田谷区已经有50多处这样的场所,成了培育社区与互助精神的基地。通过向市民传达"社区如果变成这样的话会更有趣"的想法,慢慢增加与我们产生共鸣的人群,某种程度上我们也起到了社会活动家的作用。

第三种是发掘上述市民活动的萌芽,并且支持其成长。我们运用"世田谷社区营造基金"这项支援制度，开展活动咨询，对起步阶段进行支持，或是在市民与政府之间搭建桥梁，我们成了建立协作网络的窗口。迄今为止，我们支持了300余个市民活动团体，在育儿支援、不同年龄层的交流、老年活动、绿化景观等领域，培育出了具有世田谷特色的市民活动，而我自己也随时关注这类信息，努力营造这样的场所激起人与人之间的化学反应，创造出产生价值的邂逅。

活用私有建筑的"地域共生之家"项目。在"冈女士之家TOMO"（世田谷区上北泽）举办活动时的样子。（照片提供：一般社团法人SETAGAYA TRUST&COMMUNITY DESIGN）

从实验性的举措到事业与制度的确立

社区营造中心的各个职能是在活动的现场的实践中逐渐确立的。我们认为有必要的事情，会先以实验性方式去解决，在得出结果与反馈的基础上，形成事业与制度的雏形。在当时，谁都不知道支持市民的社区营造活动的组织到底该如何做。幸运的是，正因为这样，我们能够从零开始思考，自由地发起挑战。

顺便提一下，民营的顾问公司也可以担任主持讨论者与规划师这两个工作职能，然而这与社区营造中心这样的中间支援组织又有什么不同呢？中间支援组织的一大特征是，作为一个地区的窗口持续存在，故而可以成为收集各种市民活动讯息的信息收集中心。进行项目的协调工作时，与市民之间保持熟悉的关系是必不可少的，同时要拥有更为多样的活动网络，并可以活用到新的事业的构想与活动执行上。

民营的顾问公司拥有专业的问题分析与提案能力，这样的专业能力运用到现场时，也需要与当地居民构筑起协作关系。扮演助力者与挥旗者的角色推进活动，这就是中间支援组织的职能吧。

社区规划师的工作——把社区向公众开放

不仅是世田谷区，未来的社区营造如果能把更多的私有空间向公众开放就好了。在这条延长线上，应该能描绘出新的社区景象。就像"地域共生之家"那样既遵循了屋主的想法又拥有形式多样的活动，以此为中心的社区内的市民交流与社会服务也变得更丰富。

2016年的春天开始，我的工作换到了冰见市。然而，由于这里的人口减少出现了旧城的空洞化，市民会馆被关闭，小学被废弃等现象，使得街区的中心产生了大片的闲置公共用地。另一方面，冰见市的15分钟车行圈内有山有海，享受着自然恩惠的同时，还留存着具有当地风情的町屋与村落。我在这里的工作就是与市民一起去思考，创造出属于冰见的生活方式与可持续的地区形象。

不仅在世田谷与冰见市，地区福利问题，空房、空地问题在日本许多城市都非常显著。在日本各地活跃在现场前线，努力解决问题的人们如果能够把解决问题的方法、先进案例进行传播和共享的话就更好了，我认为这是很有必要的。

社区营造工作的乐趣在于一直都能保持新鲜感，每次工作有不同的主题与背景，也会有不同的合作对象。由于工作的内容无法定型，所以一直都会有学习的素材，享受挑战新鲜事物的乐趣。还有，每次都会遇到一些带着新的想法的人，也有机会更深入了解这个地区的生活方式与社区的形成方式，这些都是这份工作的有趣之处。久而久之，这个地区就会有更多的人加入进来，居民对于这个社区的归属感也得到了培育。就像拥有了多个故乡与第三归宿（第一是家庭，第二是职场）。当社区变得越来越有意思，自己的生活也会随之变得丰富起来。"在居住的社区工作"或者是"以居住在此地的心态来工作"，是我一直都很提倡的工作状态。

从专业学习与拓宽视野开始

如果要在社区营造工作的现场发挥好自己的能力，首先要习得基础的专业能力。以此为基础，再学习掌握促进市民参与所需的主持讨论能力。如果没有专业的基础，就只能够发挥汇总大家的意见与看法的作用而已。作为一个有专业素养的社区规划师，需要在认清发展方向的同时，进行主持讨论并且不断提出解决方案。

因此，平日里就需要留心多与其他专业、部门之间的人们交流，趁着年轻去接触更多不同的世界。我在马来西亚与美国看到了与日本截然不同的社区情景，也遇到了很多行业顶尖人士，吸收了很多先进的想法。我把收获到的梦想的种子与理想图都积攒在自己的抽屉里，一边工作一边等到时机成熟时把它们播种。在难以预测未来的时候，我们也需要对常识提出质疑。去接触不同的世界吧，在那里培养这样的眼界与自信。

采访时间：2016年4月24日，冰见市政厅（采访者：飨庭伸）。

社区设计师

近来许多领域开始提倡"参与"这个词。医疗领域提倡"患者参与"；社会福利领域以"地区参与"为目标；卫生保健以参与的方式促进关于健康的交流；社区营造活动以"居民参与"方式不断推进。倡导学员共同参与的能动型学习方式，成为教育行业的基本理念之一；艺术界也流行起参与型艺术、本土艺术。在环境保护上，灾害防范时的居民参与更是必不可少；市场营销中"消费者参与"已经成为主流；金融领域里，如集资、众筹等参与型投资方式也越来越多见；大众传媒界里，除了推动广大受众的参与互动，社交网络这类参与型新媒介的强劲发展势头十分引人关注，甚至无法预测这股势头的终结。也就是说"居民参与时代"已经到来。

社区设计的工作内容就是设计诸如此类的"参与方式"。举例来说，它可以是大家共同关注地球环境、商讨关于社区营造的诸多事项、邻里共同参与公共设施的设计、共同策划和实施地区节庆活动；也可以是大家协作完成艺术作品、推广地方特产等。在我担任代表的studio-L社区设计公司，主要工作内容从居民参与型公园设计，到全方位的社

笔者简介：山崎亮 Ryo Yamazaki／1973年出生于日本爱知县。社区设计师、studio-L代表、东北艺术工科大学教授（社区设计学科长）。从事推动当地居民解决本土问题的社区设计工作。主要著作有《社区设计》《社会设计·地图手册》《让故乡焕发活力的工作》等。兼职经历／餐饮业等。休息日／不定。假期生活／写作。

区设计。我们还从事关于百货店、商业街、寺庙、生活协同组合的工作。伴随着逐步实现地区高龄者综合支援的发展趋势，我们还考虑做一些关于居民参与型医疗、福祉、卫生保健等工作。

通过居民参与型讨论会（即居民工作坊）可以不断产生新思路、新提案，为此有必要改变现有讨论会的操作方式。例如，更改讨论会会场、座位排列方法，多运用照片图像等；也可在项目实施现场，边工作边进行讨论。除此之外，我们还需要创造一个重要契机，使得讨论会的参与者之间建立起良好的人际关系。可以用社区游戏的方式，为组织创建打下人脉基础。还能借此机会掌握那些活跃在基层各组织人员的基本信息，为组织之间牵线搭桥，促成新项目、新发展等。

经常被提到的方式有破冰游戏、建立团队等。但它们毕竟是从海外先进国家引入的新思路。与此相对的是，日本拥有着城市、郊外、山地、孤岛等地理特征复杂多样的国情，以及高龄人士、青年、残障人士、女性、儿童等多种多样的参与者。工作坊的实施内容也必须针对这些条件的变化做出相应调整。

社区设计的工作将涉及多个领域，需要与专家相互合作，针对地理特征和参与者特性调整对话方式和组织方法。在必将到来的"居民参与时代"的社区营造工作中，社区设计一定会日益彰显它的必要性。

⏲ 笔者的一天：
`8：00` 起床 → `10：00` 接受采访 → `13：00` 小会议 → `18：00` 工作坊 → `0：00` 就寝
工作满意度 ★★★★★   收入满意度 ★★★★★   生活满意度 ★★★★★

社区营造中心
（非营利组织）

1995年后，日本各地纷纷设立了支援社区营造活动的中心。其名称多种多样，如社区营造中心、市民活动中心等，日本有400多个这样的组织。当时，社区营造中心大多是由市町村（行政部门）出资设置并委托民间（非营利组织等）代理运营的公设民营型支援中心。与此同时各类社区营造活动的据点设施不断加快建设。2003年，全国导入了指定管理者制度（实现公有设施的管理与运营，由非营利组织等民间团体全面代理执行的制度），以此为契机，建筑物的管理以及支援中心所实施的项目内容，两方面均交由非营利组织负责的案例不断增加（如爱知Net、仙台宫城非营利组织中心）。我曾在"非营利组织冈崎社区育成中心Lita"（下文简称Lita）的事务管理部门担任职务，它也是"公设民营""指定管理者"类的支援中心之一。

我在攻读硕士期间学习了居民参与型空间设计和社区营造。随后进入东京的一家建筑设计公司，那时与天野裕先生（他当时就读于东京工业大学，博士在读，与我同为冈崎市出身）相遇，我们以志愿者的身份一起展开了社区营

笔者简介： 三矢胜司 Mitsuya Katsushi/1975年出生。社区营造协调员。担任"非营利组织冈崎社区育成中心 Lita"的事务所副所长。千叶大学研究生院建筑设计专业毕业后，经过在建筑事务所和非营利组织的工作实践后，设立了 Lita。主要著作有《创造联动城市文化的图书馆事业》。兼职经历/培训讲师。休息日/一周两天。假期生活/睡觉。

造工作。当时有缘结识了许多冈崎市政府的职员，因此在市政府考虑新建一个社区营造活动的支援中心时，也向我发出了合作邀请（2004年）。

Lita作为该设施的运营部门被设立。事业内容主要有：在设施的咨询求助窗口提供咨询服务，策划与实施设施内的研讨会，培训等活动；建筑物的维护管理；社区营造活动的现场顾问、策划与实施市民工作坊。

像Lita这样深入特定地区（市町村），拥有活动据点设施，并持续进行支援工作的乐趣究竟在哪里？我认为"通过市民与政府联动的不断积累，那些曾经觉得很难实现的社区营造活动，今后都能够一一实现"。像这样同时体会到城市的成熟和社区组织的成长，便是从事这份工作的最大乐趣吧。

在市民中有从事儿童和高龄者支援工作的人，也有致力于保全历史资源与自然环境事业的人。在社区营造中心里可以与各种领域的人邂逅，还能与政府部门建立联动，如市民活动、城市规划、公园绿地、防灾和福祉等。社区营造中心能诱发各种互动与协作，与市民一起创造独具魅力的城市空间与风景。

随着事业需求的不断增加，许多中心出现了经营上的难题。如果你想在社区营造中心工作，筛选具有较高事业开发能力的社区支援中心是至关重要的。

⏱ **笔者的一天：**
`7：00` 起床 → `8：30` 出勤 → 公司内商讨、与行政负责人开会、开展社区营造工作坊并做记录 → `19：00` 下班 → `20：00` 到家 → 晚餐、看电视 → `0：00` 就寝
工作满意度★★★★　收入满意度★★★　生活满意度★★★

社区营造中心
（自治体）

如果在网上搜索关键词"社区营造中心"，会出现：各市町村的行政办事处，主城区事业网点，市民活动支援中心等，多种多样的设施。其中，本文所介绍的据点设施的目标是，支援市民为主体的城市空间与环境的维持、改善、创造等社区营造活动。20世纪90年代初，在东京世田谷区和神户市率先设立这类设施，随后京都市、名古屋市、东京练马区等地也纷纷设立。它们的共同特征之一是，由市区町村的城市治理部门所监管的外部团体承担运营工作。

社区营造中心的业务包括：对社区营造活动提供支援、社区营造的思维普及和启发、展开地区课题的调研活动、为解决诸多问题展开的各项事业，以及在政府工作中的市民参与环节做好协调工作等。提供的支援包括：设置咨询求助窗口、提供活动场所及租赁相关器材、派遣专家、经费支援等必要的资源提供。思维普及和启发包括：通过讲座、研修、工作坊等形式向市民提供社区营造的各种信息知识。其中关于解决地区课题的事业，日本有不少案例，如京都市景观和社区营造中心的京都町屋保护、再生事业，练马区绿色社

笔者简介：杉崎和久 Kazahisa Sugisaki/1973年出生。现任法政大学法学部教授。东京大学研究生院都市工学专业博士课程满期退学之后，曾于练马社区营造中心、京都市景观·社区营造中心工作。主要著作有《市民参加与合意形成》(共同创作)等。兼职经历/顾问、培训讲师、赛马杂志投递员等。休息日/一周两天。假期生活/探访没去过的地方。

区营造中心的绿色家园事业等。

在社区营造中心时，我所从事的工作有：通过与社区营造活动团体的日常交流，为他们介绍相关专家以及提供所需的信息等协调工作；策划和实施面向大众的讲座、研修会；策划实施政府工作中的市民参与项目；还负责了地区课题的调查研究（城市农地及建城区的发展史）。

说到社区营造中心工作的魅力，小到与市民交往中的家长里短，大到规划方案的制定，甚至各种日常的地区活动，你可以参与到该地区的社区营造活动的全过程中，与各种各样的市民、政府各个部门、民营企业者（专家、地方企业等）互动交流，共同推动工作。还能结合当地需求自主发起各种支援、普及、启发类的事业。

这里的业务对象，除了创造和利用空间，还不断拓展到景观、历史文化、农业、防灾、通用设计等各个领域，甚至还包括脱离实体空间的诸多领域（福祉教育等）。说到这一点，最近在召集人才时，城市空间规划相关专业（建筑、土木、园林等）之外的工作人员也在不断增加。

社区营造中心的工作人员主要有行政机关的派遣工作者和社会组织聘用的工作人员。对于后者的招聘信息会在设施内公开。不过并非每年都招募新员工，只在岗位空缺时招聘。如果想在社区营造中心工作，可以试着直接前往询问是否有招新意向。

🕐 **笔者的一天（社区营造中心的早班）:**
`7:00` 起床 → 送孩子去幼儿园 → `8:00` 出勤 → 会议、去现场议论商讨、制作资料、联络及各种调整 → `18:00` 下班 → 去幼儿园接孩子 → `18:30` 到家 → 晚餐 → `23:00` 就寝（有时候会参加地区的聚会）
工作满意度 ★★★★★　　收入满意度 ★★　　生活满意度 ★★★★

社区营造公司

虽然还没有权威的定义，本文中的社区营造公司指的是以社区中心的基本规划为依据，由政府和地方经济圈两方资助的公司。目前日本有约150家社区营造公司，对此我的实际感受是，不要说发展活跃了，真正开始运作的公司也就占一到两成吧。

问题症结正是大家把创建公司误当作了目标。新建立的公司没有事业基础，当然也不具备雇佣人员的条件。起初依靠市政府和商工会职员的协助建立起的公司，围绕着现有的团体，无论多努力思考，也无法打破牢笼萌发独创思路，自然就发展不了事业也雇佣不了员工。渐渐地，社区营造公司沦落成没有员工的皮包公司，陷入周而复始的恶性循环。虽说如此，也不能只为获取利益，让社区营造变成一盘散沙。社区营造公司应该追求右手抓营利，左手抓社区营造的双赢目标。

社区营造公司的工作是针对主城区社区规划，赋予政府所制定的基本规划方针以灵魂。不论城市的基础配套是好是坏，决定它成为无用之物还是成为社区活力源泉的关键都在于使用方法。我所在公司的核心事业是两处公共设

笔者简介：石上僚Ryo Ishigami/1979年出生。社区营造公司经理。大阪市立大学中途退学。大学期间曾从兼职员工成长为知名卡拉OK连锁店的店长。之后转职到房地产行业，2009年开始从事现在的工作。主要著作有《百元商店街·小酒馆·社区课堂》《城市经理——支援社区经营的人和工作》。休息日/不固定。假期生活/去其他城市演讲、参加活动等。

施的运营管理，以及五间出租房屋的管理。除此之外，我们还通过网络进行信息传播、开发和销售当地的品牌商品，策划和实施了多彩的活动。我们的事业种类也随着公司的发展逐渐丰富起来。

再举个例子，社区营造公司作为第三方，为那些因过往的琐事不愿合作的商业街的店主们，创造一个合作的契机；或是为年轻的创业者们，客观地解说加入人际关系固定化的商业街或商工会的利弊等，这些都属于社区营造公司的工作。在我们的身边有许多想投身社区营造的人们，如何巧妙地引导这些想成为主力军的人们通过良好协作开展各类活动，这其中的方式方法的建设是十分重要的。将社区营造比作棒球运动的话，政府（自治体）来建设球场，社区营造公司则是球场管理员，在球场上活跃着的是每一个市民或商店主。为了让他们持久地展开活动，提供好场地、做好支援才是社区营造最关键的工作。

即使目前难关重重，我依然坚信这是一份有价值的工作。与市长等政府领导的博弈，与活跃在当地经济领域的名流们谈笑风生，甚至偶尔产生小争执，大家就是这样热血地讨论着城市的未来。这样的工作状态难得一见吧。我进入公司7年来，在这个城市里收获了不少的人脉，还有他们带来的智慧。这将成为我未来人生中宝贵的财产，是我迈向下一步的有力武器。

⏱ 笔者的一天：
5：00 起床 → **6：00** 消防训练 → **8：30** 出勤、早会 → 上午：巡视指定管理的设施、出租中的房屋、各商铺 → **12：00** 边用午餐边与经营者商讨 → 下午：去市政府、商工会商讨事项，巡视JA（日本农业协会）农夫市场 → **19：30** 参加商店街的集会 → **21：00** 与店主们饮酒 → **0：00** 到家、就寝
工作满意度 ★★★★★　收入满意度 ★　生活满意度 ★★★★★

地 区 经 营

地区经营指的是：为了维持和提升地区的良好环境价值，以居民、经营者、土地所有者为中心自主进行的活动①。从大丸有地区（大手町、丸之内、有乐町）、名古屋、大阪、福冈等日本的大城市逐渐普及至全国，活动内容包括环境美化、地区活动的实施、信息传播、公共设施管理等，活动形式多种多样并且日益丰富。

从事地区经营相关的工作的话，人们大多会选择地产公司，或者加入以地区经营为目标的社区营造公司。为了让地区住民成为地区经营的主人公，我们的工作主要以后方协助、推进的方式开展工作。我们有时会自主发起项目，也会为多个主体牵线搭桥从而让活动变得更有趣。工作人员需要发挥自己的特长和性格特征，保持一个宽容开放的心态，以多元化的立场和各种人建立良好的关系。当然对地区的热爱、现场工作的紧急应对能力，以及对任何事都兴致盎然的心态是不可少的。

① 出自地区经营推进指导手册讨论会编著的《养成社区——地区经营推进指导手册》。

笔者简介：内川亚纪 Aki Uchikawa/1982年出生。札幌站前大道社区营造股份有限公司总经理。东京艺术大学研究生院美术研究科文化财产保护专业毕业。硕士（文化财产）。兼职经历/预科学校辅导员、政府机关的事务兼职。休息日/一周两天（交换班制度）。假期生活/寻访历史建筑物和社区。

在札幌的市中心有两家进行地区经营的团体。一家叫作札幌大道社区营造股份有限公司，还有一家是我所属的札幌站前大道社区营造股份有限公司（以下简称社区公司）。我们社区公司的主要业务有：对札幌站前大道地下步行空间的广场部分，以及札幌市北3条广场这两个公共空间进行管理和运营；为了增添地区活力策划各种活动；受理地区经营的广告；人才培养事业等。札幌站前大道地区是市内屈指可数的商业社区，它的主人公自然是商人们。我们通过举办各种活动，以及非日常性的露天表演等提高了地区的发展潜力。这些举措固然很重要，但如何让该社区不单单作为商业社区，更作为人们日常利用的城市空间变得舒适宜人是当下面临的问题。我主要负责北3条广场的整体运营，以及目前推进的各项事业的协调工作。比如，与使用广场的客人们之间的协调工作，除了筹备工作的现场外，还会与政府部门及周边的商务楼进行协商等，工作内容丰富多彩。

我刚进公司的时候，每天都会面对初次接触的各种情形，也常因此手忙脚乱、错漏频出。但身边的人们给予的支持让我不沮丧、不厌倦地坚持这份工作到现在。

地区经营的方法不是唯一的，是具有本土性的。虽说在短时间内达成一定成果会很困难，但工作中会遇到许多对地区怀揣着各种情怀的人们，与他们并肩作战，创造出前所未有的地区价值，参与者从中得到的成就感是货真价实的。

☺ **笔者的一天：**
`6：30` 起床 → `9：00` 出勤（早班时9点，晚班时12点，举办活动期间也可能晚上6点出勤）→ 开会、商讨、确认邮件 → `20：00` 下班（基本是这个时间，晚班的情况下21点左右下班）→ `21：30` 到家、吃晚饭 → `0：00` 就寝
工作满意度 ★★★☆　收入满意度 ★★★★　生活满意度 ★★★

地域振兴互助队与村落支援人员

以人口过疏化的乡村为舞台,为这样的地区创造活力的,就是地域振兴互助队与村落支援人员。这两者都是由日本总务省号召,由日本的地方自治体成立的。然而,"村落支援人员"主要是指熟悉村落状况的人才,而"地域振兴互助队"的成员必须是从城市移居到乡村的人。现在日本"地域振兴互助队"的成员已经超过2 600名,已经成为日本应对人口减少问题的核心策略,在社会上也备受瞩目。这里先对以年轻人为主的"地域振兴互助队"进行详细的介绍。

实际上,地域振兴互助队的人才有着设计、乡村营造、农业、商业等多领域的相关背景。他们一边发挥着各自的特长,一边进行乡村营造活动。由于这项举措获得了政府的财政支持,因此确保了他们的年薪在200万日元上下(相当于人民币11.7万元)。虽然算不上高薪,但是比起城市的花费,乡村生活的开支较少,似乎并没有出现生活困难的状况。另外,在(地域振兴互助队)任期结束后,约六成的成员选择留在当地或者周边地区居住,这对于在考虑"移

笔者简介:田口太郎 Taro Taguchi/1976年出生。德岛大学副教授。正在进行地域振兴互助队的研修与研究。(本稿笔者)
冨田敏Satoshi Tomita/出生于东京。2011年开始,作为地域振兴互助队的成员在日本爱媛县伊予市展开活动,营造聚集人们的场所。

居"到乡村的人们来说,应该是一个不错的契机。

互助队的工作内容也是多种多样的。大部分情况下,以招募简章上的内容为主。也会有地区根据个人的技术与感兴趣的领域进行灵活调整的情况,人们应征的时候需要事先对活动内容、地区状况、支援体制等进行详细的咨询。由于当地的活动,较多都是通过与当地居民的合作展开的,所以与当地人的协作就显得尤为重要。工作时不仅会与政府合作,还会与地区的学生和专家进行合作,这对乡村营造的项目规划能力与执行力有一定的要求。此外,还需要有交流沟通的能力与经营管理的能力。如果能把这些需要具备的能力看作用来创造地区的美好未来的工具,就能快乐地工作且肯定其价值了吧。

通过地域振兴互助队的活动,当地人可以重新发现自身的魅力,重塑自信,从而在这个地区孕育出新的可能性。在推行地方创生的今天,地域振兴互助队作为中坚力量被寄予厚望。

⊙ 地域振兴互助队的一天（爱媛县伊予市·富田敏的一天/任职第三个月）:

▣ 4:30 起床、查看邮件 → ▣ 6:30 早餐 → ▣ 7:00 问候巡视 → ▣ 8:30 地域事务所出勤、早会 → ▣ 11:30 问候巡视 → ▣ 14:00 中餐 → ▣ 14:30 在负责地区闲逛,与遇到的人对话交流 → ▣ 17:00 回到事务所 → ▣ 17:15 下班 → 问候巡视 → ▣ 19:00 回家、哄女儿睡觉 → ▣ 20:00 晚餐、饮酒、读报、读书、社交网站 → ▣ 1:00 就寝

工作满意度★★　　收入满意度★　　生活满意度★★★★

艺术协调人

　　最近使用"艺术"这个关键词,来推进社区营造的案例越来越多。例如,日本新潟县的越后妻有大地艺术节,濑户内国际艺术节,横滨、爱知、札幌等城市举办的艺术三年展等。如果把小规模的活动也算进去的话,现在有数十个项目正在实施并持续进行着。比如,在人口减少问题严重的街区里通过增加交流人口来促进定居人口的项目,以及在丧失活力的旧城区通过导入新的事物给整个社区带来活力的项目等。虽然项目的目的多种多样,但共通的是:尝试通过导入艺术,结合社区原有的资源给社区带去新的活力。这并不是在美术馆举办的那种走马观花的展览会,它们的重点是身体力行。这片土地的风景、食物与人之间的关系等,不管是创作方、被展示方,还是观众,都需要身体力行地去感受。这样整个社区才能持续产生化学反应,可以说这才是项目真正的价值所在。将来想要从事这样的工作,就需要有多方面的能力。对此我想先试着介绍两个要点。

　　"做大海中的一滴水!做守望者"——不戴有色眼镜,虚怀若谷的接受力是必要的。水的美丽表现为两种:一种指不加容器修饰的纯水之美,另一种是如海水般包容所有

笔者简介:池田修Osamu Ikeda/1957年出生。艺术协调人,BankART1929代表。B Zemi现代美术学院毕业后,在PH Studio(1984年至今)展开活动,经历Hillside gallery的艺术总监等职务后转到现在的职位。主要著作有《BankART1929——栖息在城市》等。在国内外许多城市都有丰富的项目。兼职经历/土木工程作业、辅导班讲师等。休息日/不定期。

浑浊之物的水。我们要做的当然是后者（不过更为重要的是能够在这两者之间游刃有余）。

"豆腐就是豆腐"像这样的语气不管说多少，都很难让对方真正地理解。有时需要另一种语言，成为悲剧还是富有创造性就隐藏在这些微差异中。社区营造的工作，就像是在正面系好领带，背后却穿着T恤那样。

因为要把艺术家的"世界上还没出现过的、难以理解的想法"传达给普通人，就不得不成为某种层面上的"两面派"。但这种"两面派"其实是世间非常本质的东西。

就像洗洁精要如何除去餐具上的油渍。洗洁精里的分子是由接近油的分子与接近水的分子配对而成。一面对餐盘上的油渍说"你们是我的伙伴哦"使油渍安心，便可趁机接近并附着在上面。然而另一面，像是歌舞伎演员那样，突得一转身说，"傻瓜，我是水的朋友！"就潜入水中去了。这就是洗洁精去除油渍的机制。这样的"两面派"，或者说双重人格的方式，才是传达信息时的本质。这和DNA的双重螺旋构造为基础的遗传机制与信息转录系统也是一致的。

⏱ **艺术协调人的一天：**
`6：30` 起床 → 打开电视、确认邮件、工作、洗澡 → `10：30` 前往BankART，会议、商谈、现场指导等 → `23：00` 结束工作 → 在附近与相关人员会面（就餐）→ `1：00` 回家
工作满意度 ★★★★★　　收入满意度 ★★★★★　　生活满意度 ★★★★★

社会创业家支援

对被称为"社会创业家"的人群进行支援，也是与社区营造密切相关的工作之一。一般来说，社会创业家多指那些运用商业手法来解决社会问题、地区问题的人们。然而，在日本的乡镇地区这个词被使用得更为宽泛，比如，与地区的发展紧密相关的企业家、自治体的职员，甚至本地的阿姨们都可能成为社会创业家。这是因为他们都抱着一种希望自己生活的地区有更好的发展愿景并付诸行动，人人都有肩负社会创业家或者市民创业家的职责的可能性。

例如，使冈山县西粟仓村的骨干产业（林业）得以再生的就是社会创业家。然而，创业家并不是只靠自己一个人的力量，他们带动村政府、当地企业，以及当地村民，共同构筑起林业再生的事业。

像这样，有越来越多的人把之前依靠政府力量来解决的乡镇问题，以民间的立场来承担，同时通过与政府的协作来展开解决问题的活动。当然也会遇到单凭自己的想法就投身乡镇，没有联合当地的相关人士，最终导致事业夭折的情况。这种情况下，如何连结起当地的人才、资源与创业者，就需要进行社会创业家支援的工作了。这种发掘有潜

笔者简介：濑沼希望 Nozomi Semuma／出生于新潟县小千谷市。非营利组织法人 ETIC. 创新事业部协调人。大学在校时期起，就在 Challenge Community Project 事务所工作。兼职经历／在 ETIC. 实习。休息日／一周两天。假期生活／购物、读书。

力成为社会创业家的人才并协助他们的工作，我们已经持续了10多年。截至2015年，约50个项目中有600名以上社会创业者参与企划，乡镇的新栋梁正在不断涌现。

例如，2012年我们与奈良市协作，实行了以培育社会创业家为目的的项目。为了让匆匆路过奈良的人能发现奈良的优质资源，我们没有选择竞赛的形式，主要采用了由奈良当地的创业前辈领下开展田野调查的形式。如果参与者能够真实地感受到来自当地的模范创业者，包括市政府在内的各种各样的支持者的话，就会更容易对这片土地产生感情，从而能够更安心地在这里创业。在这个项目中培养出了许多创业家，也吸引了许多转职到奈良市内企业工作的、移居到奈良的人，从而产生了各种各样的人际关联网。

说起社会创业家支援，可能会给人一种只有能力很强的人才能支援创业家的印象。实则是需要具备连结地方相关人士的能力及商业顾问、职业培训等各类专业能力。然而，比起技术更为重要的是，除了本职工作以外，能否做到在理解对方的兴趣与关心的事物的基础上进行良好的沟通。这份工作并没有固定的业务流程，因此更适合能够带着好奇心，乐于创造新的工作内容的人们。

🕐 **笔者的一天：**
`6：00` 起床 → `7：30` 从机场出发去外地的项目现场 → `10：00` 与当地社区营造负责人进行会议 → `13：30` 与当地的协调团队进行会议、研修 → `16：00` 与市政府职员、首长进行会议 → `19：00` 与当地人进行联谊会 → `22：00` 第二场联谊会 → `0：00` 就寝
工作满意度 ★★★★★　　收入满意度 ★★★★　　生活满意度 ★★★

灾后复兴社区营造
（发起活动）

在日本虽然并没有灾后复兴社区营造这个行业，但在大规模的灾害发生后，受灾的街区与乡村多会需要进行灾后重建工作，这也是开展社区营造活动的契机。我参与策划的宫城县石卷市的民间社区营造团队"ISHINOMAKI 2.0"就是在这种情况下诞生的。

"3·11"日本大地震发生后，受灾严重的石卷地区的当地年轻企业家们奔走于各个重建活动的现场，他们与从东京奔赴石卷的志愿者们相遇，以"并非恢复到原来的社区，而是创造出新的石卷"为口号，抱着对社区升级的愿景结成了"ISHINOMAKI 2.0"。团队成立以来，从建筑师、城市规划师，到厨师、编辑、撰稿人、网站总监、摄影师等在内的成员们，大家在发挥自己专长的同时，不断地为石卷注入自己的想法与热情。地震发生的两个月后，团队开展了许多活动，例如，采访社区居民并录音制作成免费刊物，支援石卷最大的夏日节等活动，并以开办了一系列能够和大家一起思考社区未来的活动。以此为开端，5年时间里，社区营造团队在石卷企划了超过50个项目。在持续不断的研讨会、音乐节、户外电影放映会等自

笔者简介：小泉瑛一Yoichi Koizumi/1985年出生于群马县，成长于爱知县。建筑师。毕业于横滨国立大学工科部建设学科。现就职于ON design partners（有限公司）、ISHINOMAKI 2.0（一般社团法人）。2015～2016年担任首都大学东京的特聘助教。共同著作有《打建筑打开》。兼职经历/建筑设计事务所、相机销售员、辅导班讲师。休息日/一周两天。假期生活/旅行、骑单车等。

主实施的项目中,有一部分已经有了固定的场地,并作为定期举办的常规活动稳步进行。目前,与政府协力进行的项目也日益增加了。例如,IT教育项目"ITONABU"、DIY家具制造工坊"石卷工房"、使得商店街得以再生的"日和厨房"、通过分享来活用闲置房屋的"卷组"等。成员们纷纷成立独立的项目组并开展下去也是我们的组织特征。

在状况日益变化的灾区进行的社区营造,虽然说没有固定答案,回顾过去我感到非常重要的一点是,要保持在民间特有的灵活性与速度感。在灾区要完成基础设施的重建与政策决定等政府方面的课题需要很长的时间。如果能与当地自治体的事业并行,同时不断发起以市民为主体的项目,才能在经历失败的同时获取经验教训,不断积攒项目经验。

另外,拥有专业技术知识的外部人员所带来的资源,与当地市民以灾害为契机想要为建设更好的社区而挑战的心意,两者相碰撞产生相辅相成的效果也非常重要。

从事灾区重建的社区营造需要投身灾区,具备与当地的居民、自治体、其他团队沟通的能力,能够调整众人的利害关系,时而做出大胆的企划。最重要的是要有能把想法付诸实践的魄力。虽然你可能会觉得很难一下子做好那么多的事情,但是没关系,超越灾区重建向着未来前进,社区是充满正能量的。当你奔走在这样的社区中,这些技能就会自然而然地被锻炼出来。

⏱ **笔者的一天:**
`9:30` 上班 → `10:30` 地方访谈 → `13:00` 街角午餐 → `14:00` 布置活动会场 → `17:00` 活动协助 → `21:00` 庆功宴 → `1:00` 回家
工作满意度★★★　收入满意度★★★　生活满意度★★★

灾后复兴社区营造
（创造工作）

以灾后复兴社区营造工作为代表的地区活化，需要所在地具备相应的工作机会和人才资源。例如，虽然IT技术活用在乡镇工作中备受期待，但是如果没有这方面的人才就无法实现。人才并不是通过外部引进的，而是需要在当地构筑起培训环境，培育人才，创造这种能够实现"自力更生"的能力是很重要的。

Itonabu（一般社团法人Itonabu石卷）以在石卷培育1 000名IT技术人员为目标，向年轻人提供学习软件开发与平面设计的机会。从灾后2012年起，Itonabu一直活跃至今，在Itonabu学习的年轻人，通过学到的技术有的找到了工作，有的成为独立工程师，有的在新的环境中接受挑战。通过为这个街区配备工程技术的支持，新的活力气息正在萌芽，街区已开始构筑起培养工程师的环境。

Itonabu的教育模式是"支持学生做他们想做的事"。没有教科书，也没有课程表，年轻人可以自由地来到Itonabu，使用闲置的电脑写写程序、捣鼓下小工具，有时候也会打打游戏。但是，在学习程序设计的过程中，任何人都

笔者简介： 古山隆幸 Takayuki Furuyama/1981年出生。Itonabu石卷代表理事、Itonabu有限公司董事长、ISHINOMAKI 2.0理事。出生于宫城县石卷市，高中毕业后来到东京，学习IT并创业。现在，在石卷的高中教授软件开发，同时致力于为小学到大学的编程、设计课程的人才培养创造良好的环境，为石卷成为全新的社区而献身。休息日/不固定。假期生活/温泉疗养、国外旅行。

会遇到困难,此时,辅导人员就会上前指导,为他们提供帮助和指导。

尽管如此,并不是所有的年轻人都那么有上进心。对于有学习意愿的年轻人,团队会定期举办"东北技术道场"(三个月为一季,通过制作一款应用程序来提升能力的交流会),每周两次前往高中给学生们讲授编程课,面向小学生开设提升IT素养的工作坊等,为不同年龄层的学生营造学习工程技术的环境,从而为后续工程技术的相关活动奠定基础。

年轻人的个性与能力各有不同。通识教育由学校负责,对于想要提升自身技术的年轻人,为他们创造个性化成长环境是Itonabu的宗旨。为了给这些年轻人提供最大限度的支持,我们正在构筑能让他们无忧无虑地认真学习技术的环境。

虽然现在仍然处于革新的开始阶段,但是培养出拥有志向高远与技术能力卓越的年轻人,对于社区的复兴与进步来说都算跨出了重要的一步吧。

🕐 **笔者的一天:**

7:00 起床、确认邮件、开始工作 → 9:00 休息、玩ingress(位置信息游戏)调节气氛 → 10:00 上午会议(3场)→ 13:00 午休 → 13:30 与工作伙伴闲聊 → 14:00 开始认真工作 → 18:00 去健身房 → 20:00 继续工作 → 0:00 晚上的自由时间 → 3:00 就寝
工作满意度 ★★★★★　收入满意度★　生活满意度 ★★★★★

社区中的公寓楼设计

HITOTOWAINC.
荒昌史

公寓楼的邻里营造

HITOTOWAINC.着眼于社区中邻里环境的营造，着重于居住类型中的"集体住宅"，我们的宗旨是想要解决孤立无援的育儿环境、独居老人增加、自然灾害及环境等社会问题。我们将这种工作称为"邻里设计"。

我出生于团地（在日本指的是集合住宅地），团地的邻里交往曾被看作是理所当然的事。邻里交往有温情的一面也有烦琐的一面，在邻里交往中我们寻找隐私保护和社区交往之间的平衡。可当我进入社会，开始在地产开发行业工作才发现，开发商向社会提供的却几乎只有重视隐私保护的住房。

"邻居问候都听不到的生活算是充实吗？"怀揣着这样的疑问，我通过自己成立的环境非营利组织，了解到

笔者简介：荒昌史 Masafumi Ara/1980年出生。担任 HITOTOWAINC. 董事长。早稻田大学政治经济学部政治专业本科毕业后，曾在房地产公司 recruit cosmos 工作，后从事现在的工作。还担任环境非营利组织法人 GoodDay 的理事。兼职经历/家庭教师、日结临时工。休息日/一周一天。假期生活/踢足球、五人制室内足球、温泉旅行。

CSR（企业社会责任）这个概念。那么地产开发商的社会责任和真正的社会贡献又是什么呢？我找到的答案是"让邻里间建立起信赖关系，也就是创造由邻里关系构成的社区，从而解决各种城市中的社会问题"。

首先我在当时任职的地产开发公司新设了CRS部门，参与了从部门创设到事业开发的过程。在地产开发行业工作了七年三个月，从中积累的宝贵经验一直支撑我从创业之初走到今日。

从东日本大地震的复兴支援到公寓楼防灾

抱着"将生活的大部分时间投入到'解决社会问题'中"的信念，2010年12月我创立了HITOTOWA。深知风险存在的同时，对于即将迎来的各种挑战我满怀期待。

不巧的是，公司刚成立三个月，就发生了东日本大地震这样的巨大自然灾害。由于许多委托合同被解约，公司在资金上受到不小冲击。但也是以此为契机，我们正确掌握了各种非营利组织的特征，将其与企业的强项匹配，运用CRS技巧与许多企业共同对灾后复兴进行了支援。

每当我前往日本的东北部地区，总能深切感受到防灾减灾的重要。"在社会关系淡薄的城市中发生灾害时，大家能够互相救助吗？"怀着这样的危机感，我开始了以公寓

☺ 笔者的一天：
`8：00` 起床、伸展体操、早餐 → `10：00` 开始工作 → `11：00` 确认邮件 → 开会、去现场商谈、制作文件资料 → `20：00` 一边用晚餐一边和公司员工、公益工作者交流 → `23：00` 回家、看体育新闻 → `1：00` 就寝
工作满意度★★★★　收入满意度★★★★　生活满意度★★★（希望每周有三天可以踢足球）

楼为中心的培养"自主避难者"工作坊项目。保护自身安全的"自助"是理所当然的,同时我们还需要学习与周围邻居互相救助的"共助"。更重要的是,地区公寓楼的所有居民如何克服困难,度过漫长的避难生活。在我们的工作坊中,除了教授关于避难的各种知识,还培养参与者从众多受灾公寓楼及避难所的经验教训中自主思考的能力。2015年我们有幸获得了"宣言奖"的优秀复兴支援·防灾对策奖和"优秀减灾奖"的优秀奖两项殊荣。

超高层公寓楼和大型团地的邻里设计

持续了20多年的城市再开发的西新宿地区,巍然矗立着60层的超高层公寓楼。这里进行的邻里设计项目的目的是在原住民与来自世界各地的新住民间建立良好的社会关系。

由于超高层公寓楼的房屋租赁和转卖相对频繁,这里的人员流动性很高,因此向来被人们认为是很难实现社区营造的场所。也是因为没有先例,我们认为这个领域更应当被重视。在居民入住前,我们会不定期举办一些小活动,到目前为止已经组织了"使用防灾准备纸牌进行的自主避难者工作坊""野味试吃会""徒步自然"等丰富多彩的活动。为了在不远的将来实现居民的自主组织运营,2020年之前我们会一直致力于活动相关的基础培育的工作。

我们还全力投入于伴随着大型团地再开发展项目而展开的邻里设计。虽说针对住宅区的地区经营还很罕见，但是已有像云雀丘团地（东久留米市）的"街中庭院云雀之丘"、浜甲子园团地（兵库县西宫市）的"社区之根——浜甲子园"这样的项目。对社区的人口分布、特征、存在的问题进行细致调查，继承该地区的优点，克服存在的问题，我们就是这样策划和运营着社区营造相关项目。比如，"社区之根——浜甲子园"项目致力于防灾减灾领域，其融入美食和运动元素成功举办了防灾减灾主题活动。

我们的工作就是站在居民和开发商的中间，通过与双方的沟通努力消除两者之间的摩擦，从而探索出更好的问题解决方式。最近我们正如火如荼地展开研究和讨论的是，为实现地区经营的可持续性如何展开社区营利事业。开发商实际操作的或策划中的事业，与居民实际需求的东西也不尽相同。还有，社区营利事业不是简单就能成立的，它的答案既多样化又没有操作指南，这可以说是这项工作的难点，也可以说是乐趣所在。

邻里设计的前景

我们的前进方向是从团地到公寓楼，在这个领域成立一支能真正解决城市社会环境问题的队伍。

自集体住宅普及以来，大约经过了60年。2010年日本国情调查结果显示,东京的23个区中大约有47%的家庭居住在集体住宅。面临日益显著的人口老龄化和城市更新重建、灾害应对等问题时,任何问题都无法脱离地缘社区。但如果对此继续不闻不问,地缘社区只会日渐衰弱下去。因此,HITOTOWA想要挑战这个没人尝试过的领域。比如,我们发起了叫做"防御·行动"的足球防灾工作坊,可以边进行球类运动边学习防灾减灾,不仅能学习防灾还能促进团队建设。最重要的是,采取直达问题本质的各种举措能让城市中充满笑容。

西新宿开办自然教室的场景,为超高层公寓、大型团地的社区营造活动积累经验。

直面地区经济

Koto-lab 合同会社
冈部友彦

在当地创造生计

2004年以来，我们以"从造物中思考造街"的理念将社区营造纳入公司的一项事业展开了工作。社区营造的事业往往离不开志愿者、政府资助以及通过承接政府的委托业务而获得的资金等公共资源，建立稳定的经营体制一直是这个行业的难题。而我们所尝试的是，置身当地，去挖掘那些不为人知的资源，将它们转化成新的生计从而建立自给自足的经营体制。

目前我们在横滨市和松山市分别设置了事业点，大约有12名员工负责其运营工作。

将社区看作一个家

横滨市的寿町地区曾作为许多临时工、体力劳动者生

笔者简介：冈部友彦 Tomohiko Okabe/1977年出生。Koto-lab 合同会社代表人。东京大学研究生院工学系研究科建筑学专业毕业，取得工学硕士学位。2004年研究生院毕业后，从事现在的工作。主要著作有《日本城市经济》《社区建筑》等。兼职经历/家庭教师、为建筑杂志撰写文章。休息日/想休假的时候。假期生活/钓鱼、旅行。

活的社区一度繁荣，后来失去了往日的热闹，转变成了重点完善社会福利与保障的社区。2004年，我刚从研究生院毕业，就在这里设置了活动据点。每天在外面走动，从各个角度观察这个社区，比如人们的行为举止、建筑的布局、经济活动等。就这样一天天地走，我开始体会到这里充满人情味的环境，就好像充满邻里间的嘘寒问暖的下町地区一样；还有尽管居室狭窄，但居民们依然把整个社区当作"家"一样生活……我看到了一些对这里怀有偏见的人们无法看到的东西。

在这样的背景下，我们设想能否通过活用这个地区像山一样多的空闲房屋引入新人群，一边改善该地区的负面形象，一边为地区创造新的经济活动。2005年，我们得到房屋所有者的许可，打造了为背包客提供住处的"Yokohama Hostel Village"（简称YHV）。为了给社区带来新面貌，我们把前台设置在沿街的房间，工作人员会带领客人前往社区里与我们协作的房屋。我们把分散在社区里的空房整合起来，将社区整体视为一间旅店提供给投宿者。

我们目前有三栋公寓，合计60间客房投入运营。我们也把经验方法分享给了"3·11"日本大地震灾后复兴中的民宿项目"ISHINOMAKI 2.0"以及活跃在韩国春川的社区营造团体，我们的事业手法成了社区营造的方法之一被运用到更多社区里。

⏱ 笔者的一天：
`8：00` 起床 → 收集信息、制作资料 → `12：00` 去公司、开会、接待视察团体、会面来访者 → `19：00` 下班 → `20：00` 回家、晚餐、小聚 → `0：00` 就寝
工作满意度 ★★★★★　　收入满意度 ★★★★　　生活满意度 ★★★★★

超越国界与专业领域的地区思考

除此之外，我们还与大学合作创立地区据点，或营造激发地区住民能动力的环境。当我们着手解决地区问题时，很多时候跨越专业领域的视角和思维是必须具备的，这很难却也充满了趣味性。我们能够接触到在建筑行业不曾听闻的SIB、Tax Credit、Asset Transfer这样的市民与政府共同推进的社会机制和思路，还能经常与来自海外的考察团，或者到此展开活动的团体进行交流。这些都是这份工作的乐趣所在，也是它与其他行业的不同之处。

没有委托方的地区经济创生

我们也有过承接政府委托，即围绕委托方要求展开工作的时期。但最终一定要建立起能够自给自足的经营体制，从而可持续地开展事业。因此我们的发展速度并不快，无法立即在多个地区开展事业，但是我们能够长期专注于同一个地区，准确捕捉这个地区存在的各种问题，并发掘一直以来被忽视的地区资源。说起资源，要结合项目考虑。可以把大量拥有选举权的居住者看作资源，也可以与大学合作用积极的视点看待复杂多样的社会问题并开展活动。那些平常我们不曾注意甚至产生排斥情绪的事物，也能通过转变视角，成为可利用的地区资源。

小型经营是否可行

我们一直以来投身于地区据点的创造，但形成据点本身并不是我们的目的。在面对地区问题展开各种举措时，逐渐形成了地区据点，与之产生关联的人和事业内容不尽相同，但这里的每一个成员、每一项活动都成为支撑据点可持续运转的力量，也是小的收益源泉，社区领域也得到了拓展。

在当今日本，存在着许多既是问题又是资源的案例，如空房、弃耕地等问题。在爱媛县松山市的三津浜地区，空房作为该地区的资源被重新活用。社区风貌保存、为创业者提供房屋、筹集活动资金，我们建立起一个将这三项内容整合并同时推进的发展模式。随着更多的人利用这个模式进行小型经营，这个地区就能重新变回生机勃勃的样子了。

即使对社区营造有着憧憬，很多年轻人还是会因为对前景的担忧而选择了普通企业。如果我们能创造一个环境，让年轻人考虑就业时多一个加入社区营造的选择，这必定能促进社区恢复活力，进一步激活社区。我们的愿景就是为他们提供这样的环境和知识信息。

接待大厅　住宿楼栋　空中花园

Yokohama Hostel Village (YHV)
把分散在该地区的闲置房屋整合，打造社区整体是一个旅馆的印象。

YHV HANARE
以激发地区居民能动性为目标的优化居住环境项目。

大学联合据点
与大学协同设立的地区据点，作为对外租赁空间进行运营管理。

"参加Kotobuki选举吧"宣传活动　"投票点在那里"项目　接待国内外视察团体　韩国实习生研修

一坪长凳　LB flat　bluff terrace cafe　bluff terrace

Mitsuha地图　社区资源活用　Mitsuhamaru土间

Mitsuhamaru
三津浜地区开展了Mitsuhamaru、町家bank、社区资源等项目。

三津浜DIY工作坊　手工集市　kotobuki promotion movie　三津浜推广影像

除了本书所提到的YHV还有许多与地区居民和创业者合作开展的项目和事业。

资源协调人

一般社团法人Tumugiya
友广裕一

巡游全国，发现个人价值

　　现在，我从宫城县石卷市等日本的东北地区开始，到高知县室户市与岛根县云南市等地区，与当地的人们一起成立并经营社区营造项目。在与人的交流过程中，收集其中的需求与资源。在那里，结合自己的专业特长，创造出最合适的事业模型，现在从制造商、零售、批发，到顾问和人才培育等，工作范围非常广泛。说到底，形成这样一种工作方式的契机，就是大学毕业时的一个想法，我想找到一个能发挥好自己能力的职业。大学时期我学的是经营学，虽然当时的生活方式与现在相距甚远，但在大学四年级时，我走访了新潟县的山间村落，萌生了"想做与乡村相关的工作"的想法。首先，我想知道乡村里人的生活状态，他们是怎样工作与生活的，所以对日本的农山渔村的寻访就成了这项事业的开端。从自己认识的少数几户人家开始走访，再通过寻

笔者简介：友广裕一—Yuichi Tomohiro/1984年出生。一般社团法人Tumugiya代表、资源协调人。早稻田大学商学部毕业后，以"向着村灯而去"为题开始了日本各地乡村寻访的旅程。在经历自由职业者后创业。职业经历/实习等。休息日/不固定。假期生活/家庭出游。

访调查等方式，随机地周游了日本70多个乡村。在当地停留时，因为想了解生活在这片土地上的人们的日常生活方式，我一边借宿在他人家里，一边到各种工作现场帮忙。虽然大部分的工作只是割草、清扫这样单纯的体力劳动，但是当完成工作回到借宿的人家，听他们闲聊，会不知不觉地听到他们平时不会告诉别人的烦恼与一直想要做的事情。这让我感到，虽然自己没有什么能力但是或许也能帮上忙。他们有的"想把精心种植的蔬菜直接卖给消费者"，有的"想把年轻人吸引到村子里交流"……由于听到了这些心声，我在结束旅程后，找到了"在东京可以直接贩卖蔬菜的场所"，策划了"体验乡村生活的游学"等活动，通过各种形式去实现这些需求。即使最开始没什么经济效益，但也慢慢地与有稳定收入的工作关联了起来，不知不觉间感到自己的生计好像就可以这样维持下去。这是2011年的事情。

和伙伴与灾区妈妈一起创业

这之后发生了东日本大地震，我马上就进入宫城县参与调查避难所现况的规划项目中。与奔走在灾区现场的当地的妈妈们一起正式开展工作，又与大学时期的伙伴一同创办了"一般社团法人Tumugiya"。在宫城县石卷市的牡鹿半岛上栖息着大量的野生鹿，我们与小渔村的妈妈们一起，利用当地的鹿角和渔网的修补线进行设计，一起成立了名

○ 笔者的一天：
7:00 起床 → 做家务、育儿 → 9:00 开始工作 → 多件协商会议 → 18:30 回家、晚餐、协助育儿 → 21:30 重新开始工作 → 1:00 就寝

为 "OCICA" 的首饰品牌并开始销售。最近，又与名为 "鲸鱼尾巴" 的残障人士服务机构，一同开发了使用牡鹿半岛的鹿皮制作而成的笔袋。此外，那时与我们一样在灾难的契机下开始的手工艺项目在日本各地都相继诞生了，为了能够更好地传播这些项目，我们与瑞士的钟表厂一起运营名为 "TOHOKU MANUFACTURE STORY" 的媒体。我们还协助当地人成为其骨干，建立渔业合作组织的新设施，同时经营水产加工品的批发与零售。

比做什么更重要的是为何而做

如果把我们的工作，按照具体的事业分类来看的话，可以找到在做类似事情的人或者商家，但如果整体来看，几乎想不到同行。另外，即使是同样在做手工制作与销售，我们要做的是给这些妈妈带来笑容。比起要做什么，如果不能随时明确自己为何而做就会本末倒置。另一方面，由于必须要建立起良好的商业基础，所以某种程度上比普通的商业经营更需要有宽广的视角与深刻的见解。因为基本上不存在这样的先例，所以需要一边在各种前辈的解决方案中学习，一边不断地用自己的头脑来做判断。

把独特的才能与能量发挥出来

为了能够根据不同的目的灵活地选择工作方式，我们从不限制各自的能力，也不带先入为主的观念，这对不把自己规定在某个范畴就会感到不安的人来说是不太合适的（独立型自由职业者的工作方式基本上都是这种类型）。另一方面，由于每天都会迎来新的挑战与机会，所以对于每天做同样的事情会感到厌倦的人来说，这份工作是最合适不过的。我们的工作一般都有明确的对象，项目多数是为这个对象而成立，所以不会像推布帘却扑空那样的徒劳感。由于这项工作并没有可重现性，需要通过走访调研，在与相关人士的关系中，找到自己的作用。当人们了解到"原来还可以有那样的生活方式"的时候，就好像得到救赎了一样。被埋藏在乡村的才能与能量如果能好好运用到事业中，我想就一定能创造出比现在更美好的社会。

用鹿角与渔网的修补线制作而成的 "OCICA" 项链（摄影：Lyie Nitta）。

社区营造共创者【公民馆】

鹿儿岛县鹿屋市柳谷村落

　　日本有一个被昵称为"Yanedan"的受人喜爱的村落。这个村落的自治公民馆馆长是丰重哲郎先生。在西日本地区，比起自治会，公民馆的活动更为活跃，特别是九州地区这样倾向更明显。Yanedan就是位于九州鹿儿岛县鹿屋市里的柳谷村落。

　　不仅仅是公民馆，丰重先生将活动范围扩展到整个社区。为了建立起村落的自主财源，他与居民一起在农田里种植番薯、制作烧酒与辣椒、培育可以防止家畜粪尿发出恶臭的土着菌[①]，并且负责这些产品的销售。此外，他还与大家一起搭建孩子们的游乐场所，邀请艺术家使空房重新焕发活力，向腿脚不便的老人提供手推车的出租服务，在每家每户设置紧急警报系统，开设民间私塾寺子屋[②]等。

　　公民馆体制往往只重视在建筑内部进行的项目。然而，丰重先生是把整个社区都当作公民馆。正因为如此，公民馆馆长的各种举措都与社区营造联系在一起。原本开展公民

[①] 土着菌：在YANEDAN的土壤中加入米糠、砂糖等，使其发酵而成的一种细菌。

[②] 寺子屋：日本江户时代让平民百姓子弟接受教育的民间设施，也称为手习所或私塾。

鹿儿岛县鹿屋市串良町柳谷地区/大致位于大隅半岛的中央，是一个有着大约300名居民、老龄化严重的典型村落。以丰重先生为代表推行的"不依赖政府的乡村振兴"受到了全国的瞩目。

馆的活动没有必要局限在公民馆内部，如果追溯公民馆运动的原点，丰重先生的举措可以说正是社会教育设施中应有的内容。

　　当然，公民馆本身也并没有被忽视，馆内陈列着受邀艺术家们创作的壁画与隔扇画作品，开展各种各样的活动。最近，还进行了建筑的增筑改造，为归乡的人们提供良好的住宿环境。这可以说是公民馆作为社区营造据点的一个很好的案例。（山崎亮）

第 二 章

街区设计

　　这里的设计包括从土木工程中的构筑物到小型住宅,从商品开发到信息媒体。社区营造的过程中如果加上设计的力量,它的成果不但会一下子拥有传播力,还通过设计的落实给社区营造带来引导方向。这份工作的乐趣在于,可以在交流中探索出合适的实体形态。(飨庭伸)

组织设计事务所的公共设计

日建设计　都市设计组　公共领域设计部
田中亘

日建设计执行职员。项目开发部副主管，都市设计组负责人，全球市场中心ASEAN东亚组负责人。公共领域设计部部长。1988年东京大学硕士毕业后进入日建设计公司，所学专业是城市规划、城市设计。继2007年"东京Midtown"之后坚持灵活运用自己在建筑、城市规划、城市设计、景观设计方面的知识和经验，潜心于大规模建筑项目。

面向公共设计领域建立新部门

公共领域设计部是成立于2015年的新部门。公司由三个大部门组成，分别是项目开发、建筑设计、工程，这个新部门则隶属于项目开发部门中的城市设计组。算上业务员和工作人员共10人，部门成员来自日本、中国、德国和印度等国家，其专业背景也覆盖了城市规划、城市设计、景观设计，他们涉猎广泛，并且都以提供城市公共空间相关的综合设计解决方案为主要目标。

原先公司设有一个长期隶属于建筑设计部门的景观设计专项小组（景观设计部），其主要业务内容是负责建筑设计中施工用地的外部结构设计。然而2015年我担任城市设计组代表之后，我们的目光不仅局限在建筑设计中用地的外部结构设计，而是放眼于景观范畴中甚至城市公共项目设计上，这个小组也从建筑设计部门独立出来，转变成城市设计组。

　　一般来说，日本的公共空间设计属于土木工程领域，除去一部分公园建设项目，几乎很少有仅以公共空间为着手点的景观设计项目。而另一方面，负责海外工作八年之久的经验告诉我这个领域的发展前景很不错。因此把景观设计部改组成城市设计组的同时，我们也实验性地设立了公共领域设计部，旨在能让城市规划、城市设计和景观设计"三驾马车"并行协作。

公共领域设计部会议现场（左侧远处为田中亘）。

新加坡废弃铁路线的翻新项目

部门设立的第一年，这可以说是着手做的第一个项目，并在新加坡公共空间竞标会上有幸获得了优胜。项目内容是将政府管理的24公里长的废弃铁路线，改建成供社区使用的公共空间。世界各地一共有64个项目组参与竞标，我们的总体规划部门最终从中胜出。这个"铁道走廊"项目与城市形成一体，目的是提升周边社区的经济价值和生活质量，其规模和内容在日本都是首屈一指的。

我们的目标也并不局限于单纯的空间设计，而在于改善公共领域设计催生新的价值，甚至带动周边地区共同提升。从这个意义上来说这确实是一个理想的项目，也是一个良好的开端。

根据日本地铁一站的间距平均为1公里来算，24公里就有24个站台，几乎是东京到横滨的长度。东京到横滨之间感觉上依然是延续的城区环境，而"铁道走廊"则是跨越了住宅区、办公区、森林等更为多样化的环境。而且在新加坡长年炎热的环境下，长时间在这里行走也不可能，最多在早晚凉快的时段附近居民会过来散个步而已。

为了能让这个场所更贴近市民，我们提议沿着24公里的废弃铁路线设立10个重点地区（节点）以及各种活动方案，比如在办公区提供上班族小憩的场所，在森林中打造植物园那样的空间，将高级住宅内的旧站厅改建成"车站花园"，将高架下的空间变成年轻人休闲娱乐的场所，在住宅周边设计烧烤及蔬菜种植场所等。这些功能区如何与铁路线路以及周边互动构成了我们的主要设计内容，为此我们认真进行了现场调研。例如，线路要尽可能水平铺设，但是这样周边地形产生变化反而会造成落差。我们则尽力去思考能处理这个落差的最优方案，考量众多因素后再谨慎地开展设计工作。

这个项目如果只有2公里长，我们会给出更偏向于设计感的方案，然而面对24公里的现实情况，基于研究做出的功能营造方案才是我们的制胜法宝。

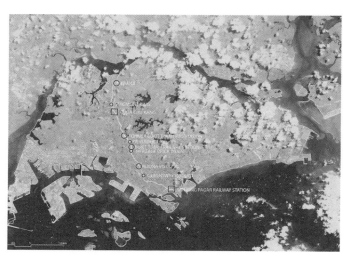

"铁道走廊"项目翻新——新加坡的停运铁路线。

城市设计、景观设计、建筑设计的责任分担

在制作竞标方案时，前半部分由城市设计负责人制定整体方案，确定竞标方案的提案内容。比如，人行道采用什么系统、与自然的整合性如何等，这些都要综合考虑。在此基础上再由景观和建筑负责人接手去做细化设计。团队以谁为主体会根据场所、主题和规模来调整。但我们也并不是完全按照分工进行，也会经常有一些跨界合作后再提出方案。虽然这样会造成一些时间上的浪费，但是可以保证最后提交出逻辑分明的设计方案。24公里的项目用地既要保证多样性又要保证统一性，这时我们的合作就发挥效力了，因而能竞标成功。

公共空间的价值＝街区的价值——东京Midtown

原本我在大学学的是城市规划和城市设计，毕业后进入日建设计工作，随后又在美国学习了景观设计。我想要做以绿色为主题的城市开发，于是就负责了东京Midtown的开发项目。尽管是以绿色为主题，但是城市开发的收益也是必须要考虑的。Midtown的用地原本是日本防卫厅的旧址，是一处完全封闭的土地，不过周围也有桧町公园和几个大型绿化。在开发Midtown的时候我提出利用带状绿地连接这些重点绿化的方案，一方面可以提升周边地区的品质，另一方面作为商业开发而言，也可以把"绿意盎然"作为卖点。

站在开发商的角度,增加绿化面积会牺牲一部分开发用地,但是如果整体上能提升土地价值也可以取得平衡。增加绿化提升了Midtown的知名度,承租人慕名而来,周边土地的价值也获得了相应提升,形成了良性循环。邻近的老旧公寓也纷纷重新涂刷墙面或改建,都市环境得到了综合性改善。

公共领域丰富的设计令街道和居民的生活质量都得到了提升,而把这样的项目奉献给社会便是公共设计部的职责所在。

与市民合作的柏之叶项目

另外一个具有挑战性的项目位于日本千叶县的柏之叶地区,是一个独特的调整水库的设计项目。调整水库是在雨量较大时临时蓄水用的土木结构体,表面上看是用混凝土加固的洼地状设施。

柏之叶项目由千叶县柏市、大学和开发商等一同协作推进,通过PPP(社会、企业、个人)三方合作的方式来推动社区营造。在这个案例中,我们将约20公顷的开发用地中央设置了一个2.5公顷的调整水库,和邻近的公共空间以及民间开发地连成一体,使其孕育出新的活力。我们期望通过这样的方式把调整水库的设计提升到一个更高的层次。

当然,为了实现这个目标也要付出比平常更高的开销,不过对于周边的土地所有者来说,调节池这一公共空间品质的提升也会带动周边土地价值，租金提升和收入上涨是可以预期的。对于自治体来说，引入民间资金、营造更有魅力的公共空间，并从价值上升后的周边地区获得额外税收也是可以预见的，最终可以形成官民双赢的局面。

我们需要的人才

公共领域设计属于应用范畴，需要在基础设计方面有足够的经验，因而我们一般不会录用应届生。从业者需要在土木、建筑、景观、城市规划等传统的基础领域有扎实的功底，并且对设计有兴趣是首要前提。

对于在公共领域的工作来说，把设计当作生意来看，并能够自圆其说是很重要的。"这样设计的原因""那么设计能带来什么样的改善"等，整理这些逻辑性思路和设计一样重要，稍有疏忽就很难在公共事业领域取得成就。与此同时，"想要创造美好空间"的执着是至关重要的。

另一方面，每个人的能力在踏入社会开始工作之前是没法准确预料的。就我自己而言，当初也是完全不知道自己的斤两。

于是在最初的5年左右，我会让员工负责和专业关联性不大的各项工作。他们在实际工作中逐渐明确自己的能力和职业定位，诸如有的人绘画能力高超，有的人善于表达让对方理解自己的设计理念等，每个人的才能各不相同，即便作为设计师进入公司以后也会显现出一些其他方面的才能。特别想强调的是，有强烈的让对方理解自己想法的欲望是很重要的。设计说到底就是把自己想要做的事情作为方案提出，并且要获得对方的赞同后才能得以实现。

还有很多必须要做的事情

今后不光要在海外，在日本也要继续扩大项目涉及的范围。特别是对于2020年奥运会，如果有公共领域项目那自然要争取参与进去。比如在日比谷公园的改造过程中能修建一个大规模的观看比赛直播的场地，或者把新国立竞技场附近的车站周边打造成充满魅力的空间等，公共领域设计在很多地方都有一席之地。此外，在日本其他城市也有很多可以做的项目，希望我们这个团队可以有更多贡献自己力量的机会。

"柏之叶项目"的调节池设计通过与居民合作来实现目标。

建筑设计事务所

在日本,以建筑师为法人代表,聚集了设计师的公司被称为"建筑设计事务所"。事务所的规模从几人到上百人不等,其主要的工作内容是建筑设计和工程监理。设计对象小至个人住宅和店铺等的内部装修,大至医院、教育设施和市政厅等公共建筑设计等。范围不限于新建建筑,时下翻新改造业务也颇多,有时还会有家具设计和展会会场布置等。根据建筑用途(功能)和规模不同,有时会和其他设计事务所或结构、设备、景观等专业公司合作。设计工作在于把客户的资产转变为建筑物,并提升其价值,同时成为丰富城市资源的一部分。充满紧张感和社会意义正是设计工作的写照。

与大规模组织化设计事务所和承包设计部相比,工作室形式的事务所员工数量有限,因此常有一人承担单个项目的情况。负责一栋建筑物从基本设计到竣工验收的工作充满坎坷,可谓任重道远,但相应地,项目完成投入使用时看到其与街区融为一体所带来的感动和欣喜也一样强烈。这份工作的另一个魅力在于工作中可以接触到不同性格的客户,同时与建筑界以外的人合作的过程也可以拓展自己

笔者简介:小泉瑛一 Yoichi Koizumi/1985年生于群马县,在爱知县长大。建筑师。毕业于横滨国立大学工学部建筑学科。就职于 OnDesign Partners、ISHINOMAKI2.0(一般社团法人)。2015~2016年在首都大学东京任特任助教。合作编著《建筑展阅》。兼职经历/建筑设计事务所设计师、相机销售员、辅导班讲师。休息日/一周两天。假期生活/旅行、骑单车等。

的视野。

　　建筑设计事务所的设计流程有各自的个性和特色，但是每一个设计者都必须具备的能力是，整理建筑用地条件和法规等给定条件，然后把业主和相关人士的需求融入设计之中，最后设计出一栋建筑，并且不仅局限于建筑本身，也应照顾到城区和山区的广阔范围。此外，在公共设施的维护、应用方面应与市民取得一致意见，面向被人口过疏化问题困扰的地区的复苏等相关方向的设计师数量也在不断增加。

　　特别是东日本大地震灾害以后，大量设计师开始注意到这些问题并投入到社区设计中来。就面向社区迫切需要的东西和人与人之间的关联性等来开展设计活动这一点来说，社区营造和建造建筑物的流程是没有区别的，有区别的仅仅是项目的核心部分要用什么手段来实现。

　　在建筑设计事务所工作，能培养分析问题并把解决方法具体化表现、分享出去的基本能力。而能够驾轻就熟地运用这种智慧和体魄（重要的是能吃苦耐劳）的人才，在今后社区营造以及地区再生领域应该会广受欢迎。

◔ **笔者的一天：**
`10：00` 出勤 → `10：30` 公司内部会议 → `12：30` 在公司用餐 → `14：00` 公司外部会议 → `22：00` 下班
工作满意度 ★★★★　　收入满意度 ★★★　　生活满意度 ★★★

工 务 店

工务店从广义上来说，是进行建筑施工、承包建筑建造的店。从独立工匠的个体户到大企业，其种类规模和所建造的建筑类型不尽相同。不过下文要介绍的主要是以工匠职能为中心，以制造东西为主业的工匠工务店。

提到工匠往往使人联想到木工，然而无论多小、多简单的建筑物都不可能仅凭单纯的木工来建造。建筑是通过设计、基础施工、给排水、电力设备施工、钣金屋顶施工，以及家具施工、粉刷等各式各样的专业职能互相配合才能建成的，而负责这些配合协作最重要的就是工匠了。

把人、事、物联系起来就催生了建筑——工匠原本应该精通各领域而非单一木工，并且要在每一个做决定的时刻有明确的判断，集合人力统筹建筑整体才是工匠原本的职能。工匠有时候被称为"团队骨干"，也有时候被称为"团队领袖"，因此技术和人格魅力都要过硬。比如，一提到"木材"，工匠就要能大概知道木材产地（地区）、山的背景、木材现状、加工方法、干燥过程、具有性质等，也就是说工匠要扮演林业家、制材厂、木料店、建设方等多重角色。工匠的思考角度也要涉及环境、经济、工科、人类学等各方面。

笔者简介：六车诚二 Seiji Muguruma/生于1968年。六车建筑商店有限公司法人代表，六车诚二建筑设计事务所主管。京都工艺纤维大学工艺学部居住环境学科毕业后曾就职于东京日建设计、奈良藤冈建筑研究室。兼职经历/桂离宫昭和大修理的实测调查。休息日/一周两天。假期生活/泡温泉。

要成为工匠需要经过一定时间的修炼，正可谓"纸上得来终觉浅，绝知此事要躬行"。

如今，建筑方式更多地向使用新型建材（工业制品）的装配式建造转移，对工匠技术层面的需求降低，其主要职责则转向如何保证品质、如何掌控时间和资金投入这样的管理工作。对工务店来说，使用自然材料还是新型建材为主，在建造的立足点和设计理念等方面会有巨大的差异，因此罕有两者兼顾的建筑商店。

当然无论是什么方向，最重要的都是具备作为专家的责任心，以及从整体优化角度做出明确判断的能力。建筑物的寿命很长，长远的考虑与瞬间的判断都对工匠的胆识提出了要求。工务店仍然属于商业范畴，基本上都是有了工作委托之后才能够在地区发挥作用，在社区营造中多处于被动的立场。但我认为这样建造出来的建筑本身构成了社区的一道风景线，它吸取了当地风土历史文化的精华，必然能够成为在这个地区生活的人的骄傲，使人们更好地融入这个地区，并成为其支柱和根基。

⏱ **笔者的一天：**
`6：00` 起床 → `7：30` 左右出勤、做准备工作 → `10：00` 休息（30分钟）→ `12：00` 休息（1小时）→ `15：00` 休息（30分钟）→ `18：00` 整理收尾 → 下班 → 回家 → 晚餐、家庭生活 → `22：00` 就寝
工作满意度 ★★★★★　　收入满意度 ★★★　　生活满意度 ★★★★★

组织设计事务所

组织设计事务所不仅有外观设计部门,还设置了结构、设备、整体设计、城市规划等多个部门,主要承接大规模的建筑设计和施工监理工作。有些组织设计事务所以东京和大阪等城市为据点,在全国主要城市甚至海外开设了分店。录用的应届生以研究生为主,越是大型的公司录用要求也越高。在面试阶段,尽可能把自己的设计作品和当前设计成果展现出来也许就是制胜法宝了。

在组织设计事务所的工作中,以外观设计师为主。外观设计师需要作为桥梁联系公司内其他专业的技术人员,以及公司外的专家,使他们能够合作开展设计工作,把客户的要求反映到设计书上。在工程监理工作方面,则需要把设计书上的意图传达给施工方,确保施工方按照设计书上的要求执行。从设计到监理的流程会有不少问题需要克服,而克服这些问题后迎来建设竣工时的喜悦也是无以复加的。

此外,公共设施方面的建设业务繁多也是组织设计事务所的一个特点。一般采用方案评选的方式选定设计师,与选定竞标案(提案书)相比,方案评选则是选定个人(设

笔者简介: 佐藤伸也Satou Shinya/生于1981年。建筑师。2016年9月创立佐藤伸也建筑设计事务所。京都工艺纤维大学建筑设计学专业毕业后曾在某大型组织设计事务所任职。兼职经历/家庭教师、医院夜间警卫。休息日/一周两天。假期生活/和孩子游玩。

计师）。虽然有以往业绩会作为考评的加分点,但是日本在公共设施方面,设计和施工原则上是必须分开的,因此,承包商的工作设计部门就不能作为负责人参与进来。

像市政厅这样的公共性较高的建筑,如何通过建筑激活地区活力,都可以从社区营造的角度来说明。例如,在市政厅前方广场的提案中,通过和周边现有的广场（公园）以及市民活动互动,可以营造出地区的整体感和繁华感。在地区规划中,如何灵活运用社区营造理念以及地区蓝图,就是设计师展现自己能力的地方了。

为了推进公共设施设计,可以开展工作坊来征求意见。在这种方式下,市民（使用者）、政府和设计师可以作为一个团队去探讨理想的建筑形象,以及促进社区营造的必要功能等。在不同的设计阶段可以提出不同的目的和问题,尽可能集思广益并反映到设计中。

如今,公共设施也开始采用设计施工一体化委托（设计建造）的方式,原先的基本设计、施工设计、施工监理流程也相应发生变化。譬如说,日建设计的"逃生地图"项目就灵活运用了组织设计事务所的力量,给社区营造做出贡献,展示了组织设计事务所全新的存在价值。现在正是组织设计事务所在职能和专业上寻求变化和发展的时期。

☉ 笔者的一天:
`6：00` 起床 → 准备早饭、把孩子送到幼儿园 → `9：00` 出勤 → 会议、确认会议资料、与业主照面、回公司开内部会议、讨论设计方案 → `20：00` 下班 → `21：00` 回家 → 晚餐、家庭生活 → `0：00` 就寝
工作满意度 ★★★☆　收入满意度 ★★★★　生活满意度 ★★★☆

综合建设公司

综合建设公司是指全面承包建筑和土木等施工的综合建设企业。日本的大部分承包商以施工业务为主，同时公司内也有设计部门、工程部门和研发部门等，可以提供建筑的规划设计、施工、维护管理全生命期的服务。我所属的设计部门可以和同一楼层的结构、设备部门成员联动，甚至从项目的初期阶段就和施工负责人协作，针对建设成本和工程等生产方面的综合条件，一同探讨施工的最优方案，然后提供给客户。业务以较大规模的建筑设计为主。公司内原本人员繁多，加上业主以及从经营层到项目负责人等大量人员，还有政府和施工现场职员等，需要有和各阶层的人沟通并达成共识的能力。大型建筑项目的诀窍就是克服困难、通力协作，一步一个脚印，这样才能把设计成果呈现出来。施工负责人和各工序具体实施人员互相理解，并肩合作建造出来的作品，会让参与者有特别的感觉。

我参与设计的阿倍野HARUKAS是日本关西第一高的超高层复合式建筑，位于日均客流量超过13万人的车站正上方，超过30万平方米的各种城市功能立体空间层叠在一起。对于业主即铁路公司来说，这也是一个同时兼具车

笔者简介： 米津正臣 Yonedu Masaomi/生于1974年。隶属于竹中工务店设计部。东京工业大学研究院硕士毕业后从事该工作至今。合著有《BIG-COMPACT ABENO HARUKAS超高层密集都市》。兼职经历/工作室类型的设计事务所、搬家公司、家庭教师等。休息日/一周两天。假期生活/旅行、料理。

站开发和提升超过500公里的沿线价值的特大项目。功能区域规划包括车站、百货商店、旅馆、办公场所、美术馆等客户的核心产业，在此基础上不仅增加了学校、诊所、托儿所、公园等各种城市功能场所，还与社区形成一个整体，产生同步效应，让阿倍野地区焕发新的活力。尽管客户经常表示阿倍野HARUKAS并不是目的而是手段，HARUKAS开业之后社区的成长和人头攒动的场景依然能让人感受到企业利益和社会贡献也可以达成一致，民营企业在社区营造中的角色也可见一斑。

　　我们的工作即便不直接参与到社区营造，但在支持客户生意的同时也能衍生出新的人气地区、环境和景观等，从而与社会发展问题休戚相关。我们设计的建筑包括工厂、商业设施、纪念馆等，这是一项以理工学科为基础的工作，而建筑的构想和实践也涉及艺术表现、经济活动和社会问题。

⏰ **笔者的一天：**
`6:30` 起床 → `8:00` 出勤、检查邮件。公司内照面后与业主定期会议、现场监理 → 公司内部会议、制作设计资料 → `21:00` 回家 → `0:00` 就寝
工作满意度 ★★★★　　收入满意度 ★★★★　　生活满意度 ★★★★★

景观设计事务所

景观设计（景观建筑）是19世纪由弗雷德里克·劳·奥姆斯特德（Frederick Law Olmsted）提出的一项新职能。这是一个在城市化快速发展背景下诞生的解决环境恶化问题的专业。景观设计以生态学、社会学、地理学等为基础，根据项目需要也会与建筑、土木、城市规划等专业进行较多的合作；应对错综复杂的问题，以调和环境和人们生活之间的关系为目标。

实际上这个看起来很新的专业存在一个很古老的、叫做"庭院"的历史基础，之前讲到的跨领域、调和性这种特征是自古就有的。庭园的开端是人们在与已有环境和谐共处中，开始追求"我的场所"，即私有的小空间，而今必须要把它扩大到社区来重新审视这个专业。庭院已经不再局限于一个封闭的场所，而是把地球也作为"庭院"来看待。

景观设计事务所工作内容多种多样，从私人庭院到广场、公园、校园甚至集体住宅、城市整体规划、特定生态圈等，虽然规模有大有小，但都有巢穴结构的特征。其中有以项目为基础的，不考虑居民参与，以设计监理为中心开展工作的事务所；也有以实现生态目标为主的事务所；也有扎

笔者简介：长谷川浩己Hasegawa Hiroki/生于1958年。景观设计师、建筑师。Onsite规划设计事务所合伙人，武藏野美术大学教授，曾在千叶大学、俄勒冈大学研究院、美国的设计事务所任职。合著有《应该创造和不应创造之物》。兼职经历/工厂操作员、商场售货员、家庭教师、园丁等。休息日/一周两天。假期生活/各种各样。

根特定地区开展活动的个体户。拥有广阔的视野和专业背景对景观设计有很大的助益，因此从建筑、土木、艺术等专业转入该行是有优势的。

无论是哪个方面，"关联性"都是一个关键词——通过土地上特有的动植物看出该地生态关系特性；深入社区人群也能发现其中的邻里关系；深入了解乡村生活后能看出这片土地孕育的独特风景。我在与居民的合作中，以及和星野度假公司的观光产业相关项目中，时刻都注意去发现产生这些关联性的源头。对象通常都是整个区域，从人口动态、产业、生物多样性，到全新的市民形象等，每个项目都通过全部要素组成区域的整体形象，构成了一道独特的风景线。这项工作要求优先考虑整体，再从整体导出个体的态度，并且要在整理好问题之后，能够分享自己视角的理解，因此这样的人才在未来是必不可缺的。

⏱ **笔者的一天：**
7：30 起床 → **9：30** 左右出勤 → 工作 → **13：00** 午餐 → 工作 → **19：00** 和人会面或座谈会 → **21：00** 回家吃晚饭 → **0：00** 就寝
工作满意度 ★★★★　　收入满意度 ★★★★　　生活满意度 ★★★★

土木设计事务所

土木专业实际上内容非常广泛,从道路、河流、隧道等随处可见的设施,到给排水管道这样不太被注意,却在默默支持我们生活的土木设计不胜枚举,其特征是虽然设计标准各不相同,但专业性都非常高。

日本在第二次世界大战战败后,土木专业中负责结构设计的是建设咨询公司。它们高超的技术能力是支持日本战后复苏和其后经济急速增长的原动力。当时对于基础设施维护多以功能性和经济性为优先,追求量和速度成为主流的价值取向。在这样的环境下,景观设计就没有立足之地。然而从20世纪80年代开始,追求品质的思潮在土木专业卷土重来,特别是近几年,对于品质精益求精的提案和标书愈发增多,景观设计专家,也就是土木设计事务所开始活跃在设计舞台上。

我本人是土木出身走上建筑师道路的。我主管的事务所WORKVISIONS是跨领域联通建筑和土木设计,并将这种优势投入到项目工作中起步的。2004年越过人口高峰期的日本已经几乎没有硬性的基建需求。从扩张到缩小、从

笔者简介: 西村浩Nishimura Hiroshi/生于1967年。建筑师、设计师、创作总监、WORKVISIONS法人代表。东京大学研究院工学系研究科土木工学专业毕业后曾在建筑设计事务所任职,1999年创立WORKVISIONS。主要作品有岩见泽复合站厅、长崎水边的森林公园等。兼职经历/粉刷匠。休息日/不定。假期生活/旅行。

质到量、从创造到使用,这种与人口高峰期之前相反的发展方向催生出各式各样的社会问题。而现在摆在我们面前的问题是怎么利用好富余的空间资源,去解决错综复杂的跨领域的社会问题。这个时候需要打破专业限制,用多重视角审视社会,并且要有能把通过观察得出的想法付诸实践的执行力。然而现在以专业教师为核心的教育系统,很难培养出这样多视角的思维能力,因此创建能弥补这种缺陷的团队就显得尤为重要,能和同事形成一个团队去交流,在未来也会成为一种趋势。

土木设计事务所的规模很大,对于社区的影响也很大。道路和河流越过区县的行政边界,把社区连结到一起;大型公园也会成为社区的标志给人留下深刻印象。所以在视觉美之外还需要对其使用方式和与人之间的关系做好统筹规划,把土木空间变得有趣且充满生机可以极大提升社区价值。为社区创造美好的未来正是今后土木设计事务所应做的工作。

⏱ **笔者的一天:**
`5:00` 起床 → 到羽田机场坐飞机去佐贺 → 在机内处理杂务 → 佐贺的照面会、现场确认等 → 到佐贺机场乘飞机回东京 → 在机内睡觉 → `21:00` 到达东京的事务所、照面会 → `0:00` 下班 → `0:30` 到家 → 洗澡 → `1:30` 就寝
工作满意度 ★★★★★　收入满意度 ☆☆☆☆☆　生活满意度 ★★★★★

产品设计师

从事产品、家具等生活用品设计工作的人叫作产品设计师，在工业领域又被称为工业设计师。

现在你所在的房间里可以看到的东西基本上都和产品设计师有关。这份工作最棒的地方就在于有机会去设计自己生活中需要的东西。

虽然产品设计专业发展历史尚短，只能追溯到150年前工业革命时期，但是设计物品则是人类与生俱来的本能，以往都是与工程师、建筑师、工匠等其他职业密不可分的。21世纪，得益于3D、CAD和3D打印等技术的发展，使产品设计更加贴近我们的生活，因此跨专业结合程度也就更深一步。同时，即便不是专家的普通人，借助工具可以自行设计产品的时代已经来临。在这个时代想要从事该行业，首先要学会使用3D、CAD软件，这应该是进入该行业的捷径。学校基本不会教最新的软件的用法，所以建议使用教程自学。

说到一个地区的社区营造，产品设计可以承担多重角色，比如可以负责开发商品来激活地方产业开拓新的市场

笔者简介： 大刀川瑛弼Tachikawa Eisuke/生于1981年。设计总监。产品设计从黑川雅之，建筑设计从隈研吾，自学平面设计，创立了NOSIGNER。探求社会中设计能产生的跨领域可能性，以给社会带来更多变革为目标。主要著作有《设计和革新》。兴趣是书法和旧民宅改造。兼职经历/建筑设计事务所。休息日/一周两天。假期生活/旅行。

之类。产品设计师不仅要有优秀的建模技术，还要精通制造方法，结合现代市场环境的同时，有能促进产品销售的市场营销能力。因此，像通过观察用户总结问题等社会学研究手段等也会很快融合进来。

在资源过剩的时代，产品设计已经不再是单纯的丰富商品种类的工作。创造新的关联性来催生价值（创新）、竭尽全力减少加工流程和材料使用中的浪费、从可持续发展的角度看待问题是现代设计的重要主题。这些都对现在的产品设计师提出了重新审视"为什么而创造"的能力要求。

最后，美好的东西应当为人所爱。美回应了我们的本能诉求，也让设计得以永存。把新生概念升华为完美形态的产品设计师，是能够超越时代而存在的创意工作。有着突破限制、创造美的理想的读者请务必以此为目标去努力。

⊕ **笔者的一天（到事务所上班时）：**
`9：00` 起床 → `10：00` 出勤 → 团队成员聚餐 → 参加多场会议、设计工作、喝咖啡 → `0：00` 下班
工作满意度 ★★★★★　收入满意度 ★★★★★　生活满意度 ★★★★★

平面设计师、艺术总监

以传播信息为主要目的、通过视觉表现手段来实现的技术称为平面设计。设计师通过平面设计手段，从整体考虑，用不同方法让人们能够轻易理解的设计工作就叫做艺术总监。平面设计师不仅包括设计个体商店和企业的商标、招牌、网站等，还会设计公共设施的视觉形象识别系统等在社区中能看到的东西。设计工作室通常由1～5人构成，包括艺术总监、设计师和项目经理，成员构成根据规模会有不同。以平面设计为中心开展工作有时候也会只由一人负责，包括东京的许多城市有不少这样规模简单的工作室。根据项目不同，也会以艺术总监、设计师和编辑等为主，与作家、插画师、摄影师、印刷厂、项目经理、UX设计师等合作组成制作团队。整个制作团队抱有同一个项目理念，针对社会上存在的问题，在保持同一个推进方向的同时通过运用各自的技能使项目产生良好联动，从而把客户的诉求等转化为社会价值。

此外，像图书设计、网站设计、广告设计和编辑等，也有专门从事这些专业的设计工作室。特别是图书设计工作室，每年都会有超过100册图书的装帧工作。然而大部分

笔者简介： 原田祐马 Harada Yuuma／生于1979年。设计师、艺术总监。UMA设计公司法人代表。毕业于京都精华大学艺术学部设计学科建筑专业。京都造型艺术大学空间演出设计学科客座教授。兼职经历／药店、印度餐厅、驱赶鸽子。休息日／一周一天。假期生活／读书、煮饭。

的设计工作室都不精于某一个方向,而是跨越多个领域承接项目,能够专精一个方向的工作室反而很稀缺。最近,表现地区魅力的设计和空置住宅的色彩规划等,与社会问题相关的项目在增加。我们公司也和设计事务所及编辑等合作,致力于社区营造据点的设施功能设计和广告宣传品制作等。

今后的平面设计师和艺术总监工作也将会成为社区营造中的重要工作之一。设计师不仅要具有个人的审美意识,同时还要能从宏大的视角观察社会、思考生存环境,这样的人才是不可或缺的。

⏱ **笔者的一天:**
`8:30` 起床 → `10:00` 现场工作 → 午餐 → `13:00` 回到事务所 → 公司内部会议 → 会议① → 工作 → 会议② → `20:00` 晚饭兼会议③ → `0:00` 回家 → 看书 → `2:00` 就寝
工作满意度 ★★★★　　收入满意度 ★★★　　生活满意度 ★★★★

提升地区价值的建筑师工作

HAGISO
宫崎晃吉

经营咖啡店、画廊、旅馆和设计事务所

我以位于东京的谷中地区，兼具咖啡店、画廊、旅馆等设施功能的"HAGISO"为据点经营一家建筑设计事务所。建筑不只局限在物质意义上的建筑物，还应包括在建筑中发生的活动与社区之间形成的网络等。我的目标是在广义层面上解释这种现象形成的原理，并成为拥有自己个人工作室的建筑师。

在设计事务所感受的鸿沟

我出生于群马县前桥市，为了求学离开家乡到东京生活。大学就读于东京艺术大学建筑学科，每天都埋头于建筑设计课题中。研究院毕业后，进入了工作室类型的设计事务所工作，主要负责海外大型公共设施的设计。作为建筑设计师来说，虽然是一份毫无争议且很有意义的工作，但总感觉

笔者简介：宫崎晃吉 Miyazaki Mitsuyoshi/生于 1982 年。建筑师（HAGI SUDIO 负责人）、HAGISO/hanare 法人代表。东京艺术大学兼职讲师。2008 年东京艺术大学研究生毕业后，于 2008～2011 年在矶崎新工作室股份有限公司任职。兼职经历/空调施工、烤肉店、美术预科学校讲师。休息日/不定。假期生活/散步。

和自己真正想做、应做的事情之间有差距，于是在三年后决定辞职。大型建筑的设计思路总是容易偏向建筑物本身，至少当时我能做的只能是那样。然而我心里想要设计出人与建筑相辅相成的建筑形式。

木结构公寓改造带来的契机

之前提到的"HAGISO"创立的契机是2011年东日本大地震灾害的发生。当时我居住的位于谷中地区一栋有60年房龄的木结构公寓"萩庄"，因业主的意向是将其拆除并改建成停车场。虽然公寓楼中包括我和大学时代的友人一共有六人居住，但也常有朋友往来寄宿。由于不忍心建筑就此被拆除，所以我们就策划了一场艺术活动，作为该建筑的"葬礼"。没想到在活动开展期间竟然有1 500人到场，远超我们预想，同时也让业主注意到了这个地方的潜力，从而把原计划转变为改造修缮。我最初只是想承包设计工作，但最后为了能有效运营、发挥这个地方的潜力，就将其整个租下来，设计了聚集咖啡馆、画廊、美容室、设计事务所等功能的"HAGISO"，并开始负责它的运营工作。

聚集志同道合的伙伴、筹集资金、开展业务

创业需要资金支持，但是当时我并没有足够的资金，因

🕐 笔者的一天：
`7：00` 起床 → `8：30` 出勤 → 在HAGISO咖啡馆开早会 → 处理设计业务、经营业务 → `20：00` 下班 → `20：10` 回家 → 晚餐、家庭生活等 → `0：00` 就寝
工作满意度 ★★★★　收入满意度 ★★★　生活满意度 ★★★★★

此做好了向金融机构和亲戚等借钱的准备。然而咖啡馆的运营我完全没有经验，所以就开始寻找合适的人来打理。首先是聚集朋友，虽说有了合作伙伴顾彬彬以及原公寓住户朋友们的帮助，但实际上还是必须招募能在这里工作的员工。于是我开始公开招募，挨个面试应征者，不仅要看每个人的履历，还要重视人品。

除了正常运营，这里也会开展其他多种多样的活动，渐渐地当地人和偶尔路过的来访者也加入进来，这里开始有了一些独特的故事。虽然开业只有几年，但已经积累了许多可以称为历史的故事。有这样一处可以和大家分享同一段时光的场所，也成了成就今天的自己的重要部分。

把社区看作旅馆

HAGISO 开业三年后的2015年，我开始了自己的新事业，也就是住宿设施"Hanare"。从学生时代开始，我在谷中生活了十年，这个社区的魅力至今依然深深吸引着我。但与此同时我也察觉到，我和朋友们所感受到的社区魅力与到谷中来玩的大部分游客所享受的方式有些许差异。这个想法大概就是：通过我们的方式来营造街区，是不是还会有更引人入胜的景象出现呢。

Hanare 是一个把社区作为整个旅馆来看待的项目。旅馆的前台和早餐区设在 HAGISO，大浴场则是几处澡堂，我们引以为傲的食堂则是街区的饮食店,租借自行车可以考虑自行车行。像这样,我们尝试把整个街区已经有的资源全部运用起来构成一整个旅馆。这是一种只需稍稍改变观察角度,就能使现有的事物焕发出新价值的尝试。

现在回顾我们的足迹,虽然离完全达成既定计划还有一定距离,但是基本上都已经在实现的过程中。虽然和刚开始学习建筑时自己梦想的建筑师形象有较大的差异,但是在不断变化的世界中,自己所能做的和所追求的事情也是会随之而变。根据每个时刻想法中描绘的未来一点点修正自己的前进方向,从自己能做的事情中最想要完成的着手,就会自动明确后面的道路。回顾时,即使是原本觉得难以逾越的挑战也在莫名的自信的支持下逐个击破,最后成就了今天的自己。

HAGISO 外观。

新城市设计

一般社团法人 MOKUCHIN KIKAKU
连勇太朗

以解决社会问题为目的的建筑组织

　　MOKUCHIN KIKAKU 是把木结构租赁公寓作为重要社会资源看待，以开展各种再生项目实践方式来更新城市空间为目的的社会企业。和一般的设计事务所通过承接客户委托，或者在竞标中获得业务等承包型商业模型相比，MOKUCHIN KIKAKU 正如创业两字，是通过开发及组合新设计方法和事业模型，并以建筑实践方式迅速解决社会问题为主要目标的组织。

MOKUCHIN 方案和合作会员

　　木结构租赁公寓的本质是日本高速经济成长期间大量建造的建筑类型，仅东京23区就有18万户以上，但这样的建筑现在正面临老化，空置房也在增多。由于这种公寓在

笔者简介：连勇太朗 Muraji Yuutaro/ 生于 1987 年。建筑师。庆应义塾大学研究院硕士学位毕业，在同大学取得博士绩点后退学。现在担任一般社团法人 MOKUCHIN KIKAKU 法人代表董事、庆应义塾大学研究院特任助教、横滨国立大学客座助教。兼职经历/意大利餐厅。休息日/一周两天。假期生活/写作。

社区星罗棋布，且属于个人资产，总体来看，无论好坏，它们对于社区产生的影响已经足够令人印象深刻。而我们的任务就是利用这种特性，把木结构租赁公寓转化成魅力四射的社会资源，从而改变社区形象。

为了实现这一目标我们开发了"MOKUCHIN方案"。所谓MOKUCHIN方案是指在改造木结构租赁公寓时可以部分使用或者通用的创意，这些创意在网上也是公开的。通过把多个方案组合起来实施，每个人都可以成为木结构租赁公寓再生的一把好手。同时作为方案附加的一个重要服务是，与地区紧密合作的不动产公司可以加入我们的会员项目"MOKUCHIN PARTNERS"。每个地区的不动产公司都有着当地业主和优质关系网资源，通过与他们合作，使方案可以有效扩散和实现成为可能。

在MOKUCHIN网站上想要详细阅览商品规格和编号需要成为会员。这些会员费、使用改造方案时产生的咨询费，以及会员和非会员业主的直接委托设计业务构成了MOKUCHIN KIKAKU收入的三大支柱。方案收入比较稳定，因此我们就有了积极推进社会性项目的组织能力，这个特征大概和一般的工作室类型的事务所有很大的差异。

初期从学生项目着手

MOKUCHIN KIKAKU原本是作为学生项目启动的。

⏱ 笔者的一天：
7:00 起床 → 9:00 出勤、整理文件、回复邮件 → 10:00 开早会 → 12:00 午餐 → 13:00 开会 → 15:00 大学课程结束 → 21:00 回公司、公司内部会议、制作文件、写作 → 0:00 下班 → 0:10 回家 → 1:00 就寝
工作满意度★★★★　收入满意度★★★★　生活满意度★★★★

以大学时代的笔者与当时在无印良品"生活良品研究所"任职的土谷贞雄先生,以及 BLUE STUDIO 设计事务所的大岛芳彦先生相遇为契机,开始了"木结构租赁公寓再生工作坊"的项目,其后获得了大型不动产公司 ABLE 的赞助等,2011 年就有了 MOKUCHIN 方案的原型并借此机会走向了法人化。现在由包括负责设计、开发 MOKUCHIN 方案的数据库和界面工程师,以及程序员等专业的员工组成一个团队,开展日常业务。

度过学生时代的 SFC

笔者出身于庆应义塾大学湘南藤泽校区(SFC)。MOKUCHIN KIKAKU 以新兴信息技术和事业模型等为基础开展建筑和城市设计等的实践,也是受到了 SFC 这一跨领域校区的很大影响。笔者以建筑为核心,经常出入社会市场营销、创业、公共治理等课堂和研讨会,周围也有很多从学生时代就开始创业的朋友,因此身边一直都有从各种领域视角去探讨建筑师职能的环境。从这个意义上讲,到工作室类型的事务所或者组织设计事务所等工作对我来说就不再是理所当然的选择了。

MOKUCHIN KIKAKU 着眼的城市设计

算上大学时代的话,开展 MOKUCHIN KIKAKU 的活动至今已有七年,我们现在也正想要进入下一个阶段。与当地的不动产公司以及工务店等合作开展部分改造，提升木结构租赁公寓的价值的工作已经取得了相当的成果，我们现在的目标也从建筑转向了社区。我们真正的使命是发明与20世纪的城市规划和社区营造不同的，能够为社区带来全新的新陈代谢的方法，并在社会上付诸实践。不拘泥于每一栋建筑，而是把再生后的公寓连接成网络，作为地区社会的枢纽发挥功用，从而诱发新的社区更新。我们要摸索的就是实现这种循环的方法。

我们希望在某一天来到一个陌生的社区时，可以看到那里到处耸立着用MOKUCHIN方案改造过的公寓群，它们正在使这个地区变得更加丰富和有活力。创造风景并创造其背后的运行机制，这就是我们的工作。

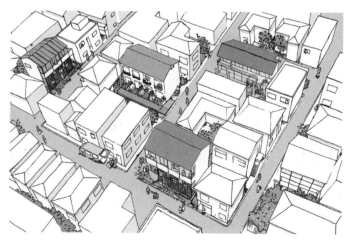

土谷和大岛先生都作为MOKUCHIN KIKAKU董事参与到工作中。

从咖啡店开始

FabCafe

岩冈孝太郎

"FabCafe" 开店

我现在和几位职业创意人、手工爱好者，一起开设并经营一家关于手工创作的咖啡店"FabCafe"。

这家咖啡店于2011年3月开业，从涩谷车站沿着道玄坂步行到尽头的交叉路口，就能看到位于商务楼一楼的咖啡店。与广告公司Loftwork和777 interactive的福田敏也代表共同创办了这家咖啡店的LLP（有限责任事业组合）。150平方米的店内设有咖啡贩卖、FAB综合服务站、开放式厨房三个功能区。意式浓缩咖啡机的前面还放置了胶囊咖啡机，厨房供应三明治和烤箱烹饪的各种料理，因此给人的第一印象就是咖啡店。但就座之后再观察店里，房间中心有一台激光切割机，周围还有3D打印机、UV打印机、切纸机、缝纫机等数码设备。这里会有情侣使用激光打印机在马卡龙上打印ipad绘制的图案；也会有软件工程师和

笔者简介：岩冈孝太郎 Kotaro Iwaoka/1984年生于东京。同时在Loftwork、FabCafe LLP、株式会社飞弹森林中小熊在跳舞公司任职。千叶大学工学部设计工学科毕业后，曾就职于建筑设计事务所，后进入庆应义塾大学研究生院政策媒体研究科深造。参与FabCafe的设立。兼职经历/服饰店店员。休息日/一周两天。假期生活/逛街、打扫卫生。

设计师们使用投影开展小活动；还会有高中生在这里聚会，参加由咖啡馆工作人员讲授的手工课程等。同一个空间里发生着各种有趣的活动，而且这是一个对所有人敞开的、出入自由的空间，每个月的来访量已经超过 6 000 人。到2016 年6 月，我们在台北、巴塞罗那、曼谷、图卢兹、日本飞弹市开设了分店，各地的店铺融入当地文化并创造出新的社群文化。

从建筑设计到经营咖啡店

　　建筑专业毕业之后，我进入建筑设计事务所工作，一直从事建筑设计工作。对我而言建筑具有很强的物质感，亲历它的建造过程是很神奇的。在这份物质感里，我想要挖掘出更多内容。就在此时我遇到了庆应义塾大学研究和实践FabLab 的田中浩也教授，于是我辞去设计事务所的工作进入研究生院深造，随后与朋友成立了由志愿者自由参加的团体FabLab Japan。与团队成员协同Loftwork 公司举办的工作坊活动使我深受触动。工作坊活动中，我们与各行业的创意工作者使用数码设备制作虚拟样机，在两天时间里体验了物品制作的乐趣。此时我有了一个想法，是否也能让路人每周末甚至每天感受到这份物品制作带来的能量。于是我向Loftwork 代表林千晶提出打造一个更开敞的制作体验型场所FabCafe 的方案。这便是这项事业的开端。

☽笔者的一天：
`8：00` 起床 → `9：00` 到公司 → 咖啡店开业的准备工作 → 早会 → 商讨各项目、制作企划书、方案汇报、与合作方邮件或电话沟通 → 咖啡馆开业工作 → 晚会 → `23：00` 回家 → 晚餐 → `1：00` 就寝
工作满意度 ★★★★★　　收入满意度 ★★★　　生活满意度 ★★★

FabCafe Tokyo。

FabCafe Hida。

创造万物的社群

　　世界上首创FabLab的麻省理工学院的Neil Gershenfeld教

授开设了一门叫做"how to make（almost）anything"（如何"创造万物"）的课程。

可以说FabCafe是一个很大的实验场。每一位访客在这里依据自己的设想进行实验，我们每天体验大量的实验。渐渐地这个场所不再只是咖啡店，而是期待每天有新鲜事的人们自然聚集在一起的地方。在这里形成了多样的工作网络。我们想要借助FabCafe实现自由"创造万物"的社会。对我们的理念产生共鸣的公司和组织，最近在飞弹市利用阔叶树资源和匠人技术参与打造企业的科研中心设施。同时，我们还和智能手机公司联手开发了家庭水培机器。

成为充满创意的街区核心

在涩谷店开业第二年，迎来了台北分店开业，我开始关注FabCafe与社区的关联性。既然在台北开设的分店叫做FabCafe Taipei，那么涩谷的分店也就命名为FabCafe Shibuya。涩谷是文化枢纽也是市场集聚地，我们享受着社区带来的各种便利。与此同时若要回馈社区，不是被社区同化，而是作为媒介提高社区的全球性影响力。为此我将涩谷店更名为"FabCafe Tokyo"，这里蕴含了面向全世界的含义。

森林和匠人之城飞弹市的挑战

之后虽然海外的分店陆续开张，但是日本四年间第二家分店却迟迟没能开设。日本总是过多关注东京，也因为我生长于东京的关系，即使去到别的地方，想到的也是如何再现东京的魅力。

因此在为二号店选址时，我希望是一个无法运用东京常识，拥有自己传统文化特质的地方。于是选择了飞弹市。在飞弹市专注林业创生地方经济事业的公司Tobimushi找到我合作，在那里开设了叫做"飞弹森林中小熊在跳舞"，简称飞弹小熊公司，并由这家公司负责运营FabCafe Hida。店铺用地里有两间老仓库和一间气派的木结构住房，还有后来增建的满足现代生活需求的食堂。四栋建筑环抱优美的中庭，是一间很有风情的老房子。经过改造后这里变身为可以提供住宿的手工制作场地FabCafe。当地居民、观光客、创意工作者会在这里分享创意，向活用飞弹市丰富的森林资源的生产制造业发起挑战。

带着纯净的心尽享每天的新鲜感

常有人说我是从不抱怨的人，大概是因为我从不会有这件事很辛苦、压力很大之类的想法。用一句话概括我的工作就是"这只是催化剂"。我没什么出类拔萃的技术或才能，只靠自己的话什么都无法实现。但是人与人的相遇总能产生奇妙的化学效应，正是一连串的化学效应催生了新项目，使项目规模不断增长。在FabCafe这个场域，不论是日常发生的充满奇遇的活动，还是一些困难的事情都能成为人生的乐趣。

社会福利组织法人 佛子园

佛子园正如其名,是一个以寺庙为中心的社会福利组织法人。机构的理事长雄谷良成有着与残障孩子一起成长的经历,促使他抱有创造多样人群共同生活的"群居社区营造"的理想。

现在该组织在全国各地有近 80 个项目,展开了混合牧场、温泉、商业设施、劳动就业支援设施等多种业态的社区营造。其中一个叫做"share 金泽"的项目,是在医院旧址建设的设施,汇聚了残障人士、儿童、老人、大学生、当地居民、商业人士,甚至还有羊驼。

最近雄谷先生还想将温泉发展成社区营造的据点,因为源源不断的温泉可以吸引当地居民也来到福利设施。该机构向当地居民提供免费入浴服务,以此为契机吸引老人帮忙照顾福利院的残障人士,并为其创造生活的价值动力。残障人士会帮助照顾羊驼,通过劳动提高自我认知力和自豪感。远道而来的观光客可以一边泡温泉一边与当地人愉快地聊天。除了温泉,这里还有咖啡店和餐厅,提供的食物都是当地农产品,可口又健康。在厨房负责制作料理的残障人士也获得了工作的成就感。这是群居为社区营造带来良性效果。

社会福利组织法人 佛子园/发祥于由日莲宗住持,也就是雄谷先生的祖父于 1960 年开设的智力障碍儿童福利院。为实现多样人群的社会共生打造社会福利设施和社区营造据点。作为首个承接指定管理的社会福利组织法人,开展了多种活动。地址:石川县白山市北安田町548–2。

"超高龄社会的社区营造"总会把目光投放到如何保障高龄人士的生活。创造高龄人士幸福感的关键也许是将他们与残障人士、儿童、学生、动物等多样的人群与要素结合起来。这也是从雄谷先生主导的活动中得到的关于"大群居"的重要启示。（山崎亮）

第 ③ 章

土地与建筑的商业活动

　　社区在物质层面上由土地和建筑物组成。接下来要介绍的工作是，使土地和建筑物保持良好状态并持续提供给使用者。土地和建筑物是人们日常生活与生计的基础，这是一项重要的工作，因此大部分情况下需要漫长的时间来完成。虽说过程漫长，但取得成果时的成就感也是巨大的。（飨庭伸）

从疑问中发现城市问题，寻找解决之道

UDS株式会社股份有限公司

尾原文生

尾原文生 Kajiwara Fumio/UDS 股份有限公司法人代表、会长。1965 年生于东京。东北大学建筑学科毕业后曾在 Recruit Cosmos 就职，1992 年创立了城市 Design System。2012 年公司更名为 UDS。2011 年全家移居中国，设立 UDS 中国法人公司，在中日两国开展工作。立命馆大学研究院客座教授，东北大学研究院兼职讲师。

一手操办企划、设计、运营的公司

我担任法人代表的 UDS 公司承接和社区营造相关的企划、设计、运营一条龙业务。我虽然是建筑学科出身，但是在 UDS 内也担任企划部门的领头人，而运营和设计则由公司内其他人负责。

公司成立最初的十年间主要承接合建型住宅的项目，其后开始从事建筑改造工作，主要是旅馆改造的企划、设计和运营工作。再往后开始运营相关业务扩大，内容包括联

尾原文生先生，建筑学科出身，26岁创业以来在建筑、房地产领域多有建树。

合办公空间、未来中心、学童设施以及公共设施等，最近还增加了中国的旅馆和商业设施、韩国的旅馆等相关业务。

　　1992年26岁的我开始创业，想要从广泛的视角从事与建筑相关的工作，于是一直在关注房地产流通的情况、人口减少、环境问题等社会变化，并有了一些自己的想法。结果除了设计类工作以外我还注重社区意识形成，把业务范围扩大到了社区类项目的企划和运营方面。现在站在了与以往建筑设计，或者说房地产、开发商不同的立场上参与到了城市设计之中。

UDS起步的契机

　　学生时代就读建筑学科时，我参观了许多建筑物，然而看起来外观不错的建筑物在实际使用时经常会有和功能不匹配的感受，这正是因为企划、设计、运营的不匹配。发起项目的客户对于建筑方面并不了解，而设计方对于经营方面又不是很熟悉。我逐渐发现既具有设计能力又会做企划的人才是必不可缺的。

只是这个领域的工作是以前未曾有过的，怕是只能自己创业才行。大学毕业后，为了学习如何创业，我先在Recruit Cosmos开发公司就职。进入公司后先在建筑部门工作，第二年做营业，第三年有幸开始学习企划，如自己规划的那样，三年后辞职并创立了现在的公司。

在消费者的立场上对独户出售公寓的疑问

辞去Recruit Cosmos的工作创立UDS时，实际上我还没决定到底要做什么。只不过考虑以建筑设计、社区、城市建设的新机制为主轴创立公司。在Recruit Cosmos工作后，为了能从消费者的立场考虑问题，自己购买了公寓，也因此注意到了公寓机制上一些奇怪的地方。其一是购买房屋后有想要装修和调整布局的需求，但是却没有对应的服务。同时公寓里漂亮的样板房价格昂贵，对于消费者来说样板房里无谓的花销抬高了自己购买公寓房的价格，这点也很奇怪。

其次是社区意识很难形成。大学里我住在体育社团的宿舍里，大家平日共同生活，经常照面打招呼。但是住在公寓后，同乘电梯的人都鲜有打招呼的情况。我觉得这样没有社区生活的状况也很奇怪。

在消费者的立场上构筑建筑合建型住房的机制

一年后我就把那套公寓出售了，想要用自己理想的方式来建造自己的住宅，也就是合建型住房，邀请朋友一起来建造住宅。

当时我请教了各位合建型住房的先驱者，但只得到了反对的回复。反对的理由是众人达成共识所需的讨论过程太长，融资、住房瑕疵、保险等问题容易使项目半途而废，类似这样的问题层出不穷。即使进展顺利，到入住也需要不少时间。为了逐一解决这些问题，合建型住房的建设就走上了事业化道路。比如，土地由入住成员共同购买，如果有谁亡故就会产生风险，银行就会拒绝融资。这时候就有了通过保险公司介入，在成员亡故后通过生命保险担保来获得银行融资的机制。类似"社区意识形成方面的讨论太少"以及"单纯的共识无法实现合建住房"等批判常有耳闻，但最终还是被人所接受，无非是因为这个方式最为合理罢了。

对于不断创造住宅产生的疑问

设立公司最初的10年里，因为想要专心做成一件事，所以先着手50～60栋的合建型住房项目。城市的基础在于住宅，想要解决城市问题自然就把精力集中到了合建型住房。

但是10年过去了，在经手大量住宅项目后我反而开始产生疑问。我开始思考在日本人口减少的社会环境下，继续建造那么多住所是否符合时代需求这一问题。这个时期，我开始更多地关注环境问题，于是开始考虑房屋改造工作。居住人口减少后，建筑就会富余。从环境的角度来看，改造建筑相比拆除后建造新建筑更有益。当时建筑改造的市场还没有正式形成，考虑到在市场成熟时自己保有一定成绩这点非常重要，所以我们就尽早进入了这个行业。

挑战建筑改造事业

建筑的再生有着经济效益好、更为环保且设计性强的优点，但是当初还没有普及，首先需要对外宣传这项事业。我们在建筑改造事业的登场作品是2003年完成的CLASKA酒店。将已建成34年的酒店改造成设计型酒店，针对"如何生活"这个问题，想出多种解答并组合起来，最终打造了一个并设办公空间和画廊的酒店。这里也贯彻了站在消费者的立场看待问题这一点，和我当初通过购买公寓来了解购房机制不同，这次是通过实践去探索，着手于企划、设计、运营工作。在运营过程中掌握诀窍，最后开始渐渐能看清建筑改造事业的门路了。

以"形成社区意识"为关键词开展企划、设计事业

其后我们经手了面向儿童的职业体验设施"KidZania 东京"的企划、设计，以及轻井泽的别墅区"Owners Hill 轻井泽"等项目。针对"Owners Hill 轻井泽"的独栋出售别墅区，我们从社区意识形成的角度考虑了企划和设计的内容。购买别墅后每次小住几宿就回去的话，和旅馆体验基本一致。如果在这里有新的体验，孩子们可以聚在一起体验森林社区，这才是我们考虑的全新的度假村打造方式。

最近我们在中国的项目也很多。2011 年携全家移居中国后，我在北京作为 UDS 的当地法人代表设立了"誉都思"，其后据点扩展到上海。和日本一样，中国以社区意识形成为核心理念的商业设施、旅馆和饭店的企划、设计、运营工作也很多。在经济高速发展的中国，人们也在思考如何找回失去的社区氛围。从这一层面上看，"社区"（Community）这个词汇在中国有着比在日本更强烈的反响。

建成 34 年的老旧酒店再生为设计型酒店"CLASKA"。

手执两把刷，技多不压身

在UDS，原则上企划、设计、运营部门是分开的，从企划部到设计部再到运营部，职员们像传接力棒一样交接工作。虽说不用面面俱到，但偶尔会让熟悉企划的人、熟悉运营的人来做设计等，需要每个人对相邻的领域都能有所理解。虽然实际上各部门独立运作并完成具有专业性的工作，但是在公司内的合作中，能掌握许多其他领域的知识。

很多像这样能够取得均衡的人也会从UDS走出去开始自己的独立事业。当然对于这样的人才我都会予以鼓励，但是站在个人的立场上独立的人越多，公司里优秀的职员也就越少，这也是颇为困扰啊（笑）。

工作的真正乐趣、UDS的强项

说到真正的乐趣，实际上在我们的工作里不存在"完成啦"这样工作告一段落的感受。即使设计工作完成，建筑完成后还有运营工作要开始。在运营工作中可以直接听到来自使用者的反馈。

做出好的设计是理所当然的，但要更上一层楼追求了不起的设计就很难了。把与设计相辅相成的企划和运营稍微考虑进去一点，就可以大幅提升设计的品质。最近环境和社会这些背景条件变得更为复杂化，经常有客户并不知道自己真正需要什么效果。这时企划、设计、运营三管齐下就可以解开客户的疑惑。这也是UDS的强项所在。

说起来可能有点危言耸听，但是当今日本学建筑的年轻人中，将来能从事建筑行业的也许只占四分之一，在海外从事建筑行业的可能还有四分之一。在现今人口减少的趋势下，新建建筑的市场正在萎缩，建筑改造行业的规模也有局限，更多人怕是要从事其他行业。我认为越是这样的时代越有挑战其他领域的必要，甚至说可以特地去海外工作。将来我们的竞争对手也包括海外的优秀人才。总而言之，现在这个时代不去勇敢地挑战就没有立足之地，因此去海外实习、体验不同行业的工作等，这些经历都是很有必要的。

在建筑学科中学到的"把概念平面化，把平面立体化"是可以通用的。等到经历了这些还觉得自己想要从事建筑行业的话，再回来也无妨。

开 发 商

高中时的我就有着"建造城市"的想法,当时对Lucio Costa设计的巴西利亚规划案十分着迷,于是在升学时选择了建筑学科。这之后我在数不尽的职业中决心从事开发商的理由是,我认为掌握大规模的土地开发(硬件)加上地区经营(软件)这两条主轴双管齐下,是能够实现远超其他方式的社区营造的。从事这份职业,需要敏锐地捕捉社会动向、明确社区的前景、与多方有关人员达成一致意见从而推进事业,可以说起着交响乐团里指挥官一样的作用。社区建成后,也要作为土地和建筑物的所有者,为营造更具魅力的社区而努力,长期开展各项活动、营造社区,力求创造出一个可持续性的社会。

公司里有企划和推进建筑物开发的部门、负责招租的营业部门、负责建筑物运营的管理部门等多种组织部门,其中我所在的开发部门需要运用各组织部门的智慧与经验。从多方立场考虑,将各部门的意见磨合,最终为客户及社区带来新的价值就是我们的使命。

比如,我曾负责的东京大手町地区再开发项目里,缺少针对有活力的公共空间的社区营造的课题,从社区规划到

笔者简介:石桥一希 Kazuki Ishibashi/1988年出生。现所属于NTT都市开发(股份有限公司)。首都大学东京研究生院都市环境科学研究科硕士毕业后从事现在的工作。主要负责的开发项目有:大手町二丁目地区再开发事业、HIVE TOKYO。兼职经历/咖啡店服务员、教学助理。休息日/一周两天。假期生活/去小岛旅行、音乐鉴赏。

项目竣工的整个过程中，贯彻实施了各种创出活力和营造社区的措施。即使在大规模开发事业中也存在一些制度，比如，开发商若能为创出人性化的社区活力做出贡献，政府将提供相应奖励（放宽容积率限制）。近年来，不仅是大规模开发事业，针对社会环境变化而创立的新事业也不断发展。比如，HIVE TOKYO 的项目中，以国外劳动者和创新型企业作为受众，将常年出现房屋闲置的老办公楼利用起来，转换成由公寓式住宅（service apartment）和共享型办公空间（share office）组成的复合型设施。我们与积极开拓创新的企业合作，打造了这样一种适合于笔记本在手，生活、工作两不愁的新型办公空间。像这样，不论是新开发项目规划还是改造设计，我们的主旨是：在进行社区营造时，不但要建设好硬件设施，同时还肩负着设计好在这个社区生活和工作的人群的活动与生活方式的任务。

迈入高龄化、人口减少社会后，像巴西利亚的城市规划那样，单凭建造新的城市就能聚集人口的时代也已结束，取而代之的是不得不将外在（建筑）和内涵（服务等）成套推出的时代。而共享经济的社会发展趋势为我们的生活带来了巨大的变化。与此同时开发商所需要做的，我想就是融入社区的历史文化进行社区构想与规划，并创造一个人与社区共同顺应时代变化不断发展的环境（价值）吧。

🕐 **笔者的一天：**
`7：00` 起床 → `8：30` 去公司（位于秋叶原）→ `9：00` 公司会议 → `10：00` 制作资料 → `13：00` 视察房屋商铺 → `15：00` 在项目部（位于大手町）进行公司外的商讨 → `17：00` 制作资料 → `19：00` 下班 → `20：00` 聚餐 → `0：00` 就寝
工作满意度 ★★★★★　　收入满意度 ★★★★　　生活满意度 ★★★★★

城 市 再 生

都市再生机构（UR）是被视为公共机关的独立行政法人，也是推进城市再生事业的组织，有着类似开发商的一面。UR的主要业务有：推进城市再生、管理UR租赁型住宅、支援受灾地区的灾后重建等，这里想要为大家介绍的是城市再生。

UR的城市再生业务内容有：大城市的主城区再开发项目中的事业点建设、地方城市的再生、人口高度集中的老城区整治等。这些原本是属于地方政府的工作范畴，但由于再开发事业和土地区划整理事业的推进和协调工作需要一定的专业技术，当地方政府难以独立推进事业时，UR会向其提供技术扶持。还有在民间的开发商推进的大城市再开发事业中，会遇到与许多土地所有者进行协调工作导致推进项目缓慢的情况，又或是待开发地区涉及主干道、车站前广场等大规模公共设施的整治时，仅靠开发商难以解决，这又是UR出马的时机。

城市再生工作的第一步是制定社区营造的构想和规划时的协调工作。一般情况下，UR接受地方政府的业务咨询，必要时会将一部分业务委托给相关的顾问公司，从而推

笔者简介：栗原彻Toru Kurihara/1959年出生。现就职于UR。东京大学工学部城市工学科毕业后，在UR从事现在的工作。主要参加的项目有：晴海Triton商务广场。休息日/一周两天。假期生活/城市散步。

进调查工作及规划的制定。当规划制定完成后,还需商讨各项事业的实施手法及与城市规划的对接。有时需要向地方政府的最高领导层明确事业方针、判断土地所有者形成一致意见的难易度、检验事业的收益性等,从各种角度评估事业实施的可能性。一旦发现问题及时进行调整,通过反复调整来提高规划的水准和成熟度。

事业开始后,需要办理必要的手续、与颁布许可的部门进行协商、与土地所有者达成统一意见、与形成合作关系的民间企业进行协商等。同时进行着这些工作的不只是 UR 的职员,还包括顾问公司、设计公司、地方政府的负责人,大家形成一个团结的整体,推动工作有条不紊地进行。这意味着团队合作是至关重要的。

UR 所从事的再开发事业包括:阶段性再开发事业"大手町连锁型再开发项目"、地铁日比谷线的新设车站的配套建设、东京站周边再开发中的交通枢纽建设、大阪城市新中心"梅田项目"等。这些多是具有较高公共性、实施难度大的事业。这样的项目,从制定构想到最终完成大多需要耗费十年以上的时间,中途也会出现因经济不景气而中止项目的情况。然而项目的规模和实现难度与完成时的喜悦是对等的。能够参与到如此大型项目中并为它的实现而努力就是 UR 的城市再生事业的乐趣所在吧。

🕐 **笔者的一天:**
7:00 起床 → 9:00 去公司 → 制作资料 → 公司内会议 → 和地方政府进行商谈 → 出席本地的协议会 → 21:00 回家 → 0:00 就寝
工作满意度 ★★★★★　　收入满意度 ★★★　　生活满意度 ★★★★

铁路开发公司

　　铁路开发公司的事业涉猎广泛，有铁路、公交等交通运输业，百货商店和大型超市等商品流通业，房地产开发业及宾馆等休闲服务业，是一个由多种业态组成的综合型生活服务企业。进入京王电铁公司后，我所涉及的领域主要有：在"铁道部门"修正列车运行时刻表、通过改善站内环境优化乘客服务，以及提出利用站内资源增加收益的策略并拟定计划；在"开发部门"负责房地产开发，在购物中心负责经营管理等。在"一般管理部门"我们进行项目管理，巩固子公司间的合作关系，企划新的事业内容并制定计划；在综合职位中，为了培养"京王集团的经营干部"，我们会积极地进行员工的岗位轮换，或是将员工派遣到子公司，从而积累更多经验。

　　在我所属的"铁路沿线价值创造部门"，有东京都认证保育所认可的保育所"京王Kids Platz"、学童保育俱乐部"京王Junior Platz"等育儿支援相关的事业。我们还在2015年新开设了为抚育幼子期间的妈妈提供就业支援的设施——"京王妈妈Square"。除此之外，还有提供的家政代理类生活支援服务的"京王Hot network"、提供看护服

笔者简介：芦川正明 Msaaki Ashikawa／1969年出生。京王电铁股份有限公司战略推进总部沿线价值创造部企划总监。明治大学法学部本科毕业后，于1992年入职，之后被派遣到广告宣传部、经营企划部，以及子公司京王房地产股份有限公司。休息日／一周两天。假期生活／街头散步。

务的付费养老院"Aristage 经堂"等。统筹推进与"住在这里，选择这里"的铁路沿线营造理念相契合的各项措施，在少子高龄化的社会背景下，把实现铁路沿线的人口流入与定居作为我们的目标。

最近，我们与东京都认可保育所合作设立的育儿支援型公寓"京王 Anviel 国领"开售。另外还有针对高龄人群的事业项目，比如，在圣迹樱之丘车站附近进行开发建设的、提供看护服务的付费养老院"Charmsuite 京王圣迹樱之丘"，以及提供养老服务的老年住宅"Smilus 圣迹樱之丘"。

京王集团对车站周边地区的再开发事业投入了大量精力。2014 年京王井头线吉祥寺站的商业设施"Kirarina 京王吉祥寺"开业、2015 年作为京王重机大厦再开发项目的复合商务楼"Merkmal 京王世塚"开业、2017 年由于车站周边立体化道路事业的推进，车站将实现地下化，为此我们计划在车站的地上空间开发新的商业设施。

我也通过子公司派遣得到锻炼，积累了各种职业经验。在铁路开发公司的工作给了我从硬件到软件的两种角度参与社区营造的机会。在少子高龄化的社会背景下，我们的使命是创造出更多为沿线地区带去源源不断活力的事业项目。

101

🕐 **笔者的一天：**
`6:00` 起床 → 读多种报刊，把握业界最新动向 → `8:30` 去公司 → 公司内会议、制作文件资料、公司外会议 → `19:00` 下班 → 晚饭、读书 → `0:00` 就寝
工作满意度 ★★★★　　收入满意度 ★★★★　　生活满意度 ★★★★

建筑与房地产开发
（房屋改造）

当我们谈起房地产公司,从管理租赁式住宅的公司到着手于大型开发项目的地产开发商,类型很多。但专门从事房屋改造类的建筑和房地产公司还很少。是什么原因?其一,在日本早期的高度经济成长期就形成了大量建造住房且大量开发新楼盘的市场模式,而沿用这种模式的生产者仍占多数。另外,当下的日本面临着人口减少的局面,空屋问题日益显著。即使如此,在房地产交易中,新房交易与二手房交易的比例约为85∶15。可以说新建房屋的市场仍处于绝对优势,这也是这类公司发展滞后的原因之一。

那么在从事以房屋改造为核心的房地产事业时,我们需要具备哪些能力呢? 首先,要能捕捉各种已有建筑物的魅力。区别于从无到有的新建筑,对于已有建筑需要充分掌握它的性能、建造方法和当时的社会背景,甚至还需要试着探寻关于这片土地的故事和建筑物历史等。通过这种观察得到的结论也会不尽相同,但若没有一双慧眼,去发现已有建筑物的潜力,就无法迈向改造的下一阶段。当然也不能忽视建筑物存在的问题与隐患,以此为前提,就可以确定

笔者简介: 内山博文 Hirofumi Uchiyama/房地产顾问、改造住宅推进协会会长。1968年出生于爱知县。1991年毕业于筑波大学。1996年进入都市 design system（现 USD）工作。2005年创立 Rebita 股份有限公司,作为房屋改造行业的领导企业不断成长,2016年5月之前一直担任公司的常务董事。休息日/一周一天。假期生活/铁人三项的基础训练和陪伴家人。

建筑物再生的方向。其次需要的是市场分析能力。建筑物有改造需求，不仅是基于建筑物的老化，还由于它原有的软件（利用方式）已经脱离了当今市场的需求。如果只是复旧如新就能解决的话，也就是说恢复建筑物的原状，那么进行翻新就足够了。与过去物资匮乏的时代不同，当今社会的资源是过剩的。那个靠反复建造雷同的东西获取价值的时代早已不在。正因如此，对于每一件事物，竭尽全力地解读它的发展阶段，拥有这样的市场创造力变得很有必要。

以前文所述的这些能力为轴心，进行房屋改造事业还需要具备房地产、设计、施工等领域的知识和丰富经验。我特地不把这些所谓的基础知识写在最前面，是因为我认为这个行业应具备的思维出发点，与生产新建筑的房地产公司、建筑开发商是完全相反的。

如何活用现存的事物？不是以生产者为出发点，而应该以市场需求为导向。这与大量生产和过度消费的思维方式完全相反，是进行房屋改造事业所必须具备的。也就是具备适应社会环境变化的能力和柔韧性。正因为这是个追寻多样性的时代，更需要我们具备灵活应变的生存能力。

☺ 笔者的一天：
6:30 跑步 → 回复邮件 → 出席项目例会 → 边午餐边开会 → 出席项目例会 → 考察房屋建筑 → 制作资料进行商讨 → 晚餐接待（基本每天）→ 1:00 就寝
工作满意度★★★　收入满意度★★★★　生活满意度★★★

建筑与房地产开发（合建型住宅）

　　建筑与房地产开发者需要在顾客与建筑师之间牵线搭桥，并为其创造新的工作方式和方法。在房地产开发业务中，我们专门承接以合建方式为主的项目（有居住意向的人组成团队，共同推进住房的开发），开发小规模集合住宅。项目责任人的工作有：获取项目的相关信息，负责建筑设计的立案，招募购房者并向其说明项目内容，建立购房者团队并帮助该组织正常运转，直到最后交付房屋等。在项目过程中，需要运用自己的专业能力领导整个项目。其中最重要的是建筑设计部分，项目负责人要运用战略性的视角确立设计理念，与工作在一线的建筑师并肩，挖掘出这个场地独有的魅力并灵活运用到设计中，将"每一天都能舒适度过"的生活空间具体化。对于房地产中介、金融机关、施工单位、房地产管理企业等项目相关合作者，让对方很好地理解合建型住房开发项目的特征，并与其建立长期稳定的合作关系是至关重要的。除此之外，还要与购房团队成员形成协作关系，在讨论中提出具有建设性的意见，共同推进项目，朝着超出购房者期待值的成品而努力。

　　开发者需要具备的能力有很多，比如，与购房团队以及

笔者简介：织山和久Kazuhisa Oriyama/1961年出生。Archinet股份有限公司董事长。博士学位。横板国立大学IAS特聘教授，法政大学研究生院特邀讲师。从东京大学经济学院本科毕业后，曾就职于三井银行和McKinsey。主要著作有《东京，住在美好的社区和住宅里》《建设·房地产的市场开发战略》《亚洲联盟的诞生》（与大前研一先生共同撰写）等。休息日/一周两天。假期生活/带爱犬散步。

项目合作者顺畅交流的能力；以良好的节奏完成各个阶段计划的项目管理能力；还有解决印章丢失、建设费调整等各种问题的随机应变能力。然而比起别的，最重要的还是专业精神，这意味着在对建筑有了透彻理解的基础上，自发地为了更好地服务顾客提高自己的专业能力，做好这样的心理准备对从事这份工作是十分重要的。

这份工作的乐趣是从购房者的反馈里得到的。与购房者一同竣工验收时，他们不禁发出"哇"的感叹，甚至有客人泪水在眼眶里打转。在入住几年后的回访中，听到的是"因为是经历反复商讨才建成的家，真的很有感情""是属于自己的独一无二的家""双休日变得更爱在家里度过了""爸爸经常在家很开心""来家里的客人不知不觉就待到了晚上十点"，客人们发自内心的喜悦之情让我颇为感动。人创造住宅，而住宅也塑造人，这让我看到了建筑给人们生活带来的力量。

以东京市区为腹地，我们已着手了一百多例像这样的合建住宅项目，用这种方式让更多优质的建筑落地到社区中。除此之外，项目模式还运用到木造房屋密集地，以建造小规模集合住宅的方式进行房屋翻新，与小巷贯穿的环境共存型低层住宅由此产生。为了降低由地震诱发的火灾发生率，东京有10万多栋的房屋被指定为"不燃化"改造对象。以每5栋进行房屋翻新来算的话，就有2万多个潜在项目，我们与大学共同展开研究活动，并积极推进城市更新事业。

🕐 **笔者的一天：**
`6:30` 起床 → 带爱犬散步，吃早餐 → `9:00` 到公司 → 查看各项目进度 → 现场视察 → 进行商讨 → `19:00` 下班 → 带爱犬散步 → `20:00` 晚餐、读书、听音乐 → `0:00` 就寝
工作满意度 ★★★★　　收入满意度 ★★★★★　　生活满意度 ★★★★★

再开发顾问（企划）

　　简单概括再开发顾问的工作内容的话，就是遵循日本城市再开发法提升区域价值。时刻看准两个方面的形势，在被需要的位置完成使命：一方面是国家与开发商的战略中增强城市凝聚力的再开发事业；另一方面是地方政府、议会构筑城市的发展蓝图，邀请开发商参与进来，实现美好的生活环境和城市经济的稳定发展。

　　再开发事业中的企划是指由本地的探讨会（主要由土地和房屋所有者组成）、协议会等组织确定事业目标，并正式地选出提供事业资金的开发商作为事业合作人的工作。这样的组织大多会更名为城区再开发准备小组。再开发顾问需要评估未知的事业风险，预测会产生的利害，并根据这些规划一个将来可调整利害关系的构架，与政府机构、土地房屋所有者、开发商在内的所有委托人建立信赖关系。另外，再开发顾问也会兼任城市规划顾问的职能，与政府协商制定城市规划方案，或作为事业顾问验证实施再开发的最佳方式。在判断实施可能性时，需要考虑建筑物与配套设施规划、资金规划、权利所有者的生活规划、开发商拥有的保留土地及价格等多种因素的调整。还需要灵活运用与房

笔者简介：东浓诚Makoto Higashino/1954年出生。再开发规划师。现任职于日本设计有限公司的企划推进部。东京都立大学（现更名首都大学）城市规划研究室硕士毕业。曾作为项目协调员着手了四个城区再开发项目，参与了从准备小组筹划到项目完成的全过程。兼职经历/在学长所属的顾问公司参与了神户市真野地区社区营造详细年表的制作。休息日/一周两天。假期生活/做家务，看护年迈的父母。与夫人结伴参观现代艺术类的美术馆，或者骑自行车去家附近的都立公园转转。

地产评估师等专业人员的联动,创造各方和解让步的条件。遵循委托人的意愿且不偏袒任何一方,项目优先的主轴是不可动摇的。

说到具体业务内容,有制作初步方案、与开发商协商、取得政府许可、与当地代表达成共识、召开当地会议、再到修改方案这样一连串的工作。骨干人员的话两周内可以完成两个这样的项目流程并制作一个企划案。

在全球化与城市萎缩共同作用的时代背景下,城市是一个经济力和文化力相互叠加、各种财富聚集的综合体,同时城市也面临着结构重组。从另一个角度来看,人们追求的幸福有很多种,人生轨迹也各不相同,我们需要一个能承载所有人的需求的社会福利城市。

如果被问到"从事再开发的工作所必需的能力是什么",我想说的是,需要抱有"一定能成"的意志。城市再开发法可以说是一项程序法,真正刻画出城市轮廓,将其实现的是我们。权利所有者会不断向我们抛来难题,这些难题往往深刻关系到他们的人生。对此我们的团队会运用知识和社会网给出解决方案。不知不觉间与权利所有者的关系超越合作伙伴,变成了朋友。

🕐 **笔者的一天:**
`6:00` 起床 → `8:45` 到公司 → 开始办公 → `10:00` 关于A地区的公司内商讨会 → `13:30` 与A地区的政府部门沟通协商 → `15:30` 与B地区的开发商进行讨论会 → `19:00` 参加B地区的理事会议 → `21:30` 简短的反思会 → `0:00` 就寝
工作满意度 ★★★　收入满意度 ★★★　生活满意度 ★★★★

再开发顾问（项目）

在与社区营造相关的城区再开发事业中，再开发顾问会与几乎所有与事业相关的人士达成共同目标，为了社区营造事业的顺利完成进行必要的协调工作。以我所属的RIA公司为例，RIA兼有顾问公司和设计公司的业务，能够从项目企划到建筑设计全面支持再开发项目。

一个再开发项目从方案到落成往往需要十年以上的时间，因此作为再开发顾问必须要做的是，看准至关重要的未来局势、灵活应对各种变化。这包括时代发展带来的需求变化、社会构造的变化与科学技术进步、相关制度与法规的修订等。根据这些变化不断提出有生机的空间营造方案。另外，一个地区的社区营造组织往往由当地的土地和房屋所有者组成，再开发事业必定会对他们带来生活规划上的影响（继续在本地经营和居住，或者搬迁至别的地区等），如何实现个人生活规划也需要再开发顾问进行反复的沟通与提案。再开发作为一项事业，其推进状况会受到各种因素的影响，不仅包括地价、施工成本的上下浮动，以及开发过程中合作伙伴的退出等经济条件，还包括社区营造组织中各成员的意见统一状况。像这样兼顾整体和个人的愿

笔者简介： 永泽明彦 Akihiko Nagasawa/1968年出生。一级建筑师、再开发规划师。RIA（RESEARCH INSTITUTE OF ARCHITECTURE）股份有限公司东京分公司规划统筹部长。从早稻田大学研究生毕业后任现职。兼职经历/建筑设计事务所。休息日/一周两天。假期生活/运营儿童足球队和个人足球练习。

景,统筹广场等公共空间的建筑布局,整理用地与建筑的功能、规模等既定条件,并促使它作为事业成功运转。最终项目会以"社区营造建筑"的形式开花结果。

根据项目需要,再开发顾问有可能早在建筑施工开始之前就常驻于现场,在社区营造过程中不屈不挠地积极应对。就算社区营造中的建筑工程全部竣工,也不意味着项目就此结束。针对多人共享、使用所需的自主管理方式,我们也会持续提供方法提案。

最近,越来越多的学生参与并体验了社区营造工作坊,除了希望大家具有在不同状况下的洞察力,还需要对社区营造建筑这样的项目成果有着孜孜不倦的追求。

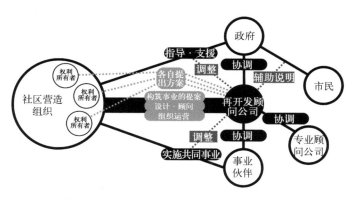

再开发事业中的相关人士的关系图。

⏱ 笔者的一天:
6:30 起床 → 9:00 到公司 → 公司内讨论会、制作资料、与政府部门沟通协商、在现场协商 → 18:00 应对社区营造组合成员 → 20:00 与项目相关人员小聚 → 23:00 回家 → 读书 → 0:00 就寝
工作满意度 ★★★★　收入满意度 ★★★★　生活满意度 ★★★★

守　家　人

　　我们把管理和运营房地产，同时招募入住者并为他们提供入住后的支持服务，甚至参与到社区的管理运营中的人或组织称为守家人。

　　守家人的称呼起源于日本江户时期，指的是为长期不在家的地主管理和运营长屋（一栋形状细长的木造建筑，分为面对主要道路的表长屋和社会地位和收入较低的家庭集中居住的里长屋）的一种职业。江户时期，地主不住在长屋里面的情况较多，守家人代为征收土地租金或房租，有时还会负责照顾租客的生活，甚至还会管理公用地和社区里的共同用地。据现存记录，江户的各社区曾有超过2万人的守家人。虽然到了明治时期这项职业依然存在，但随着时代长河中房地产和社区形态的变化，守家人的工作职能被细分到各个专业领域，如房地产商、集体住宅管理员等。

　　守家人这项职业在当今社会"复活"的契机是，进入21世纪后房地产管理行业对入住者的生活支援以及与社区营造的联动变得越来越重要，而现存的模式难以应对这类需求。如今在工作内容各有偏重的不同领域里，有着分

笔者简介：橘昌邦 Masakuni Tachibana/1967 年出生。守家人。POD 股份有限公司代表人之一。东京理科大学理工学部建筑学科毕业后远渡法国。回国后，入职于 Afternoon Society 股份有限公司。自主实践了守家人工作后独立并任现职。兼职经历/土木工程公司，家庭教师。休息日/一周两天。假期生活/逛街，参加活动。

工不同的守家人——有的活跃在以房屋改建推动社区营造的项目中，有的则在运营孵化中心（创业支援设施）、联合办公空间、共享住宅等，甚至有运营大型综合性设施，负责地区管理的守家人。不论是哪种守家人，都有着横跨房地产、人、社区三大领域进行管理运营工作的共同点。

除了需要具备各领域的知识储备，守家人还必须具备管理和市场拓展能力。另外，守家人往往需要接触房地产所有者、入住者、本地居民等各类人群，因此良好的沟通能力也必不可少。为了成为守家人，需要在房地产行业和社区营造项目的现场积累经验。从职场与项目现场积累一定经验后，才能发现需要扩展的知识并不断学习。

从空屋和弃耕农田散布的人口过疏地区，到繁华的市中心、大型综合性设施等，守家人可以在各种地方施展拳脚。在房地产公司、政府部门、商店街的店铺经营者组成的组织中，也有守家人活跃的机会。守家人这项职业的认知度较低，目前在行业中很难确立它的地位。但我认为今后以房地产和社区营造领域为中心，守家人的工作职能将越来越重要。

🕐 **笔者的一天：**

7：30 起床 → 9：30 到公司 → 关于运营工作的会议、活动策划、应对咨询、处理来自当地的各种事项 → 18：30 下班 → 19：00 回家 → 晚餐、读书 → 0：00 就寝

工作满意度 ★★★★★　收入满意度 ★★★　生活满意度 ★★★★

全新的场所打造方式

Tsukuruba 股份有限公司
中村真广

再开发事业的背后

2011年我与合伙人共同创业，成立了 Tsukuruba。最开始的项目是在日本开设会员制的联合办公空间"co-ba"，之后又策划并展开了派对项目"hacocoro"，为人们创造聚会的机会并提供场地，以及房地产线上交易市场的项目"cowcamo"，力图推进改建型住房市场的发展。另外设置了公司内部分支机构"tukuruba design"，专门承接办公、店铺、住宅等主流建筑以外的空间设计与打造的工作。从创业之初到现在经过了五年时间，成长为拥有百名正式员工和兼职人员的公司。

我在2003年就读东京工业大学，期间我开始学习建筑。恰巧六本木 hills 在这一年落成，当时不断涌现大规模的开发项目，使这个城市发生了巨大变化。光鲜的城市再

笔者简介：中村真广 Masahiro Nagamura/1984年出生。Tsukuruba 股份有限公司董事长兼总监。东京工业大学研究生院建筑学专业毕业后，曾就职于房地产及展览会设计公司，2011年与合伙人共同创立 Tsukuruba 股份有限公司。现主要从事开发推广建筑、房地产、科技相结合的事业。兼职经历/家庭教师，相机促销员，宾馆接待员等。休息日/一周两天。假期生活/边逛街边观察。

开发的另一面,市中心房地产的闲置问题日益显现。而"东京R不动产""Blue studio"率先展开了反其道而行之的实践,学生时代的我对此十分憧憬。当时的建筑领域里用活现有资产还不是主流,但已经能察觉到再开发背后形势变化的预兆。

本科毕业后我进入了研究生院,在东京工业大学的塚本研究室读研期间,有幸接触到许多项目。其中有位于东京涩谷地区的宫下公园的改造规划,在参与这个项目过程中,我发现自己比起建筑设计更感兴趣的是项目执行。但当时的我一直认为建筑设计是自己唯一的出路,除此之外与社区和建筑相关联的职业还有什么呢?为此我对将来也苦思冥想过。那时,来自我的恩师塚本由晴的一句建议"考虑考虑框架的设计吧",成了我事业的原点。

框架设计

比如,通过建筑打造未来社区,通过建筑改变本地居民的生活,在社会变动中通过建筑领先一步为将来作准备等。为了实现自己心中的优质建筑,在设计事业的框架时需要掌握哪些"语言"呢?我得出的答案是,首先要了解建筑建成之前的阶段。为了学习房地产行业和商业经营的"语言",我刚毕业就进入了房地产开发公司,随后在次贷危机引发的裁员危机下选择了跳槽。接下去我想试一试建筑竣

☉ 笔者的一天:
`7:00` 起床 → 处理邮件、安排一天的工作 → `9:00` ～ `10:00` 到公司 → 各事业的项目会议、制作企划书、撰稿等 → `21:00` 下班 → 聚餐结束后回家 → 处理邮件、读书 → `1:00` 就寝
工作满意度 ★★★★ 收入满意度 ★★★★★ 生活满意度 ★★★★★

工后的工作，于是选择了美术馆设计的行业，学习了关于平面设计、数字化信息、经营等相关的"语言"。学习越多的"语言"才能设计出应用更广的事业框架。

随后，我和朋友村上浩辉共同在涩谷创立了Tsukuruba。空间与人，以及两者产生的互动效应，承载了人们的各种思绪与愿景。我就是想要创立一个公司专门打造汇集这一切的场所，这也是我们公司名称的由来（tsukuruba的日文词义是"创造场所"）。

想法一拍即合，一鼓作气

最开始开设了联合办公空间"co-ba shibuya"，抱着"自己的工作环境由自己打造"的想法，采用了当时刚起步的众筹方式，收获了有着同样想法的伙伴和项目资金。我们前往海外考察了已有的联合办公空间，随后从空间设计阶段一跃进入DIY的施工环节，由我们团队一鼓作气地完成。获得了约40名会员后，"co-ba shibuya"于2011年12月正式运营，仅仅用了几个月我们就收回了初期成本，并在半年后进行了扩建。当我们的想法与时代发展的大趋势相契合时，我们打造出的场所也会不断升温，这个场所汇聚着许多人的思绪与愿景，通过思想碰撞可能会迸发出超出预想的新事物。

我认为不应该把外界赋予我们的环境当作理所当然，而是应当想着"明明这样做会更好吧"，并且采取各种行动。这里所说的行动，并不是指下了很大决心后的创业，而是用一些小创意、花一些小心思更好地享受人生。不管是多微不足道的挑战，想要改变一下自己现有的环境而走出的第一步是难能可贵的。大到改变社会面貌，小到让身边的人心有所动，一切都是从一个拥有想法的人迈出的第一步开始。某个人的想法传播到人群中，随后开始了行动，思想的传播就像多米诺效应，最后社会将不断进化出更好的形态。我们的企业价值观的核心便是为这样的思想传播提供场所并注入力量。

不断创造未来的企业

目前我们的业务包含了空间设计、事业开发、广告创意、房地产流通、媒体运营、撰稿、社群管理、活动策划、餐饮经营、IT领域的技术开发等，汇聚了各种行业的有能之士。我们目前的项目不仅打造实体空间，更横跨了信息空间。对于给自己定一个什么样的头衔很是烦恼的，朝着建筑师努力的想法从学生时代开

在 co-ba shibuya 的施工现场，合伙创业的村上浩辉与笔者（左）。

始就不曾改变，今后我也会为了构筑更美好的社会不断实践与行动。

为了建造出超越时代并一直被大家喜爱的建筑，我想创立一个持续创造未来的公司，即使我不在这个世上了这份事业也能够延续下去。我创立的Tsukuruba公司便是自己对恩师塚本所说的"考虑考虑框架的设计吧"给予的答复。如果公司能成为以建筑为志的晚辈们的风向标之一，那一定是我最大的欣慰与荣幸。

贴近社区生活,同时产生经济收益的社区营造

addSPICE·京都移住计划

岸本千佳

一个人完成闲置房屋的咨询和管理的全部工作

2014年我从东京回到故乡京都,独自创立房地产策划公司addSPICE。主要工作内容是:提供客户关于如何利用自己手里空房的咨询,结合建筑本体的状态和立地条件提出方案等。如果方案获得认可,我们会负责招募租房者并承接入住后的管理工作。建筑设计与施工采用外包形式,并为每一个项目组成一个执行团队。通常情况下,原本需要房主对各行业进行委托的工作,由我们统括承接。这样不仅能保持企划的连贯性,更能减轻房主经济及心理上的负担。此类工作需要细致地考虑每个项目进行灵活应对,大型企业很难承接此类工作。而且工作中需要横跨建筑行业和房地产行业,建筑学出身又有房地产行业工作经验的我,就能够更好地发挥自己的特长。

笔者简介:岸本千佳Chika Kishimoto/1985年出生。房地产规划师。addSPICE负责人。滋贺县立大学环境建筑设计学科毕业,曾就职于东京的房地产创业公司,后回到故乡京都独立创业。主要著作《地图——如果京都是东京的话》。兼职经历/地中美术馆工作人员、接待员。休息日/一周一天。假期生活/读书与散步。

比如,现在进行的位于京都府宇治市的"中宇治yorin"项目。宇治是一个历史悠久的城市,拥有寺庙平等院、抹茶文化等知名的观光资源,然而在统一规划的观光大道上,有氛围的优质饮食店却寥寥无几。深受当地人喜爱的店铺也很少。于是我们和对宇治的将来抱有危机感的当地居民组成团队,选取了一栋原本经营建材生意的老房子将其翻新改造,焕然一新的空间里入驻了三间小型商铺(法式料理店、日式点心店、理发店),还融合了当地人聚会用的场所。商铺招募时有20多家报名,在旧建筑改造之前召开的学会上,更是聚集了100多位听众,由此可见这个项目获得了较大的关注度。中宇治地区散布着许多颇有价值的空屋,我们将以活用这些建筑为起点,进一步推进空屋再利用,促进社区更新。

以产生经济效益的社区营造为目标

从小我就决心要成为一名建筑师。虽然高中时期读了文科,我也没有放弃,复读后转成了理科,考入了环境系。可就读后我意识到自己并不适合设计,无法靠建筑设计这项技能生存下去。即便如此,在校期间我仍前往世界各地去拓展眼界。有时活跃在建筑行业的大师受大学邀请前来讲座,我会对讲座中的相关知识进行自主学习。渐渐地我意识到就算放弃做设计,留在建筑领域的可能性还有很多。我开始对能够改变社区的体系开发产生兴趣,与此同

⊙ 笔者的一天:
7:30 起床 → 10:00 到现场协商 → 12:00 午餐 → 13:00 在公司制作提案书等 → 20:00 下班 → 21:00 出门与朋友小聚 → 0:00 回家 → 1:00 就寝
工作满意度 ★★★★　　收入满意度 ★★　　生活满意度 ★★★★

时我对非营利组织或政府牵头的社区营造抱有一定的怀疑态度。而我需要做的是"产生经济效益的社区营造（房地产）"，我带着这样的假设进入了东京的一个房地产类创业公司工作。

在东京工作的价值是什么

我进入的是一个从策划到房屋管理等事业内容广泛的房地产公司。尤其在2009年出现了空前绝后的共享型住房的热潮。我在职的这五年，公司打造的该类住房多达40栋。2011年公司创设了DIY型租赁住房的项目，可以说是风调雨顺的职业发展期。

就这样工作着，我还是察觉到有不对劲的地方。越是和行业的前辈们变得熟悉，我越意识到自己在东京的价值微乎其微。我在东京这段时间对这个社会或者对我自己有益处吗？反之在京都，社区营造的项目要少得多，说不定有需求性很高的工作等待着我们。还有不得不提的是，那里的素材（建筑）是极具魅力的。带着这个新设想我回到了家乡京都。我的抉择与其说是对乡土的热爱，不如说是做了冷静的判断后，相比东京这里更有利于自己独立开展事业。

在京都一切从零开始

由于房地产行业的性质就是立足于土地，人脉也好土地信息也好，不得不从零开始积累。但在京都，房产的市场流通率出人意料得低，可以直接搜罗到的闲置房很少。对于这样的现状，我想到的首先是要建立一个能与房主之间建立联系的体系。我联系了在东京的时候参与过的"DIYP"，它是一个专门搜罗可改造的租赁房屋的网站。请他们开设京都版网站后，一年内这里登载了约50条房屋信息。

京都移住计划

重返故乡的我，除了继续自己的房地产事业，我还参与了"京都移住计划"的项目，担任其中的房地产负责人。为促进移住，必须同时考虑职业与住房的供给。我与人才招聘专家田村笃史先生携手，开设了一个同时发布招聘信息与房产信息的网站，还开展了付费参加的职业与住房综合咨询会等活动。这个项目的成员还有网站设计师、电台节目主持人，大家在各自行业领域努力推动着"京都移住计划"，并且成员们也作为移住者，超越行业的屏障分享心得。正是因为有这样一群人，才形成了不同于政府倡导的独特的事业领域吧。

最近我们和京都的政府联合启动了一个叫做"下一代借宿"的项目。让老年人将家中的空房间租给年轻人共同生活。那时我进入职场已有八年，终于觉得大学时提出的"房地产可以促进社区营造的事业化"这个假设得到了证实,终于有了正在实现梦想的感触。大学时的想法固然不曾动摇,但我认为这些事业的成功要归功于自己在工作中积累的经验,以及随着时代和社会形势的变化不断地修正工作方法。

"中宇治yorin"项目现场考察时的情景。

庆 典 院

日本的寺院曾作为社区的据点承担着各种职能。它是医院、药房,也是教育机构、福利设施、食堂,还可以承担政府的管理户口的职能,甚至在有些地区有着银行的职能。但随着城市现代化,这些职能渐渐被分离到其他的专项设施中。寺院的职能因此减少,更有甚者讽刺地称其为专门举办葬礼的场所。

庆典院作为一个不承接葬礼的寺院广为人知。寺院的代表人秋田光彦先生反其道而行之,要将现代化道路上寺院所失去的一些职能重新唤回。秋田先生曾经从事与舞台剧及电影相关工作,他很想结合个人经历把庆典院变成一个剧场。许多剧团在这里演出,这使得寺院超越宗教的范畴,让更多的人聚集于此。除此之外,通过社区影院、艺术项目、公开讲座、工作坊等活动,为当地人的交流创造出更多契机。我也很荣幸受邀进行了多次公开演讲。令我吃惊的是,放下曾经高不可攀的门槛后,这里聚集了各种各样的人,甚至让人忘了它是一座寺院。

曾几何时我们开始说这是一个"寺院消减"的时代,面对渐渐丧失过往职能的寺庙也只是袖手旁观。可是这个时代仍然有向人敞开、被人需求的寺院,这其中的技巧、努力、创意也指引着社区营造所期许的方向。(山崎亮)

庆典院/1614 年建造的大莲寺的子院。1997 年进行重建时,将以往的寺院职能恢复,作为"地区网络型寺院"重新登场。重建后的本堂是一个环绕形大厅,同时设有学术厅、展示空间等,用于举办多样的活动。地址:大阪府大阪市天王寺区下寺町 1-1-27。

第 四 章

支持社区营造的调查与规划

　　在众多人参与的社区营造过程中，首先需要理解、分析社区中存在的问题，与周围的人交换意见后共同设定目标并为之努力。本章将介绍社区营造中必不可少的调查与规划工作。这些工作会给社区营造带来智慧与知识，促进信息传播。这样的工作任务是针对不同的社区问题，提供具有高度专业性和实用性的信息资源。（飨庭伸）

创造一个"媒体场域",连结社区与人

Rewrite股份有限公司

籾山真人

籾山真人Masato Momiyama/1976年出生于东京。2000年毕业于东京工业大学社会工学科,2002年于同大学的研究生院毕业。同年进入外资企业Accenture,担任经营顾问。在职期间作为经理从事市场战略规划工作。2009年辞去前职后,从事现在的工作。

连结社区与人的工作

Rewrite汇集了各种行业的成员,是一个以连结社区与人为使命的公司。目前约有20名成员,分为四个独立项目部同时运营。Rewrite-C致力于打造社区活力与社区营造工作,Rewrite-W负责制作网站和各种纸制媒介,Rewrite-D承接建筑设计,Rewrite-U负责设计各类实体空间。

我们的公司有别于以往的城市规划、社区营造顾问公司或是方案制作公司。除了调查和方案制作的业务之外,我们的特征之一是:从硬件到软件,包罗所有的社区营造

籽山真人（右起第六位）和Rewrite的成员们。致力于社区营造的跨界型组织。

过程中的成果打造。

除了打造建筑物和各类空间，还会策划和运营在那里举办的活动、制作免费的刊物等。只要是空间营造和社区营造所需的、只要是能连结社区与人的工作，就是Rewrite的业务范围。

社区营造领域曾经没什么吸引我的工作

学生时代的我，就读于东京工业大学的社会工学院，学习城市规划。虽然入学的时候我想要成为一名建筑师，但后来我对此产生怀疑，想着也许我感兴趣的并不是建筑吧。

我的硕士论文的主题是：以东京23区内的大规模商圈为对象，探析城市如何受到杂志等媒介的影响，其中商业空间的形成又如何发生变化。通过这个研究，我开始思考如何规划与设计活力的城市。

但是在2001年我走出象牙塔开始职业规划的时候，与社区营造相关的工作只有政府部门、非营利组织，以及社区营造顾问公司。我对这些职业都不太感兴趣，考虑了许久后，我进入一个叫做Accenture的外资型经营顾问公司工作。

我并不是因为英语好，或是想成为经营顾问而选择这家以司。其实当时许多人都说想要创业的话，最佳的选择就是Recruit或Accenture这两家公司了。从这两家公司走出来的优秀人才数不胜数。

Accenture主要的工作内容是为日本大型制造类企业制定市场战略，当我还是新人的时候就担任了许多方案策划任务，得到了上司的严格锻炼。进公司时我计划三年就辞职，承蒙上司和同事的关照，竟然努力工作了七年。

2008年，我迎来而立之年，同年爆发了世界金融危机。考虑到自己的年纪也不小了，为了赶上创业的最后时机，终于提交了辞呈随后创立了自己的公司Rewrite。

个人认为正是在经济不景气的时期，才更适合为新事业播种，也就是创业的好时机。

从广播节目开始社区营造

辞去工作后我参与的第一个项目是一档叫做"东京westside"的广播节目制作。该节目于2009年10月～2013年3月通过立川市的社区广播公开放送。

实际上当时我还没有明确的事业规划，只是恰巧一个朋友转行到社区广播运营，他邀请我开设一档以社区营造为主题的广播节目。当时我做了一个假设：今后涉及城市与社区的相关领域，"媒体""改装""房地产"将成为重要的三个关键词。

制作节目时，我邀请了来自各行各业的成员，有酒井博基（设计公司经营者）、古泽大辅（设计公司代表）、井上健太郎（自由撰稿人），大家怀着参加课外活动般的心情，自发地参与了节目的制作。

节目以每周一次的频率实时放送，邀请在本地展开各种特色活动的嘉宾们，讨论关于社区营造的各种话题。得益于这档节目，我与众多社区营造工作者结缘，每次节目录制完成后的交流会上，还能听到很多背后的故事。

如果不是因为有这档节目，即使我主动提出想了解他们的工作情况，大多数人会拒绝吧。现在回顾起来，广播是我们融入当地社区的一块敲门砖，也发挥了极为重要的作用。

与媒介紧密相连的实体空间营造

说完广播这个"媒体"要素，接下来要说的是"改造"与"房地产"。在广播节目制作中，我们一直进行着立川地区的闲置房调查。

调查中我们得知位于立川车站北口的电影大道商店街里有一些空房。2010年4月我们利用一间空置房开设了由一楼的社区咖啡馆和二楼的共享艺术工坊组成的新设施——"电影工作室"。这个项目的策划和运营由Rewrite担任，建筑设计由古泽大辅所在的mejiro studio设计事务所负责，咖啡馆则由酒井博基经营的设计公司担任运营工作。

随后，当时的商店经营协会的会长将自己保留的空房以很便宜的价格租给我们，我们亲手对它进行改装后，2010年的年底开设了名为"电影工作室2"的联合办公设施。

通过这些项目，我们不但收集到更多的空房信息，还吸引了许多想要自己开餐厅的人，大家自然而然地聚集到改造后的新设施中。我们牵线搭桥促成了多个项目。日益萧条的商店街也在2010年之后随着年轻店主们的入驻，逐渐恢复了生机。

没有专业性的独特组织

以广播节目为契机，我和前面提到的三位有了更多合作的机会。因为我有经营顾问的工作经验，每当项目进入具体实施阶段，都会作为顾问协助他们。

甚至会有顾客产生"怎么还带着顾问，这些人有点奇怪啊"这样的疑惑(笑)。当时我一直止步于调查和策划之类的顾问工作，无法参与到项目实施及之后的相关工作，对此我倍感焦急。

就在这时，我们四个人尝试统一用Rewrite的名片介绍自己。结果我们转变成了一个从策划到实施、业务全面的团队。这样做之后，顾客更容易对我们产生信赖。渐渐地我们意识到，打造一块团队招牌也许有更好的发展。

2010年古泽率先加入Rewrite，2011年酒井将自己经营的设计事务所合并进来(现在的Rewrite-C)，其中的建筑与房地产项目部单独设立分公司(现在的Rewrite-D)。2012年又与井上共同创立了信息制作部门(现在的Rewrite-W)。就是以这样的顺序逐渐形成了我们目前的事业形态。

接到每个项目时我一直铭记于心的一点是：即使自己有独到的见解，也一定不能忘了客观地判断和执行。好也罢坏也罢，顾问说到底是没有专业性的职业。但除我以外的成员都有着相关的专业背影和很强的责任心。一般来说，设计师、建筑师、编辑等跨界的成员一起组建团队的话，就好比"综合格斗赛"容易变成难以收拾的局面。

乍看是个无法良好运转的组织，但换一个角度，或许正是因为没什么专业性的我作为主轴协调各方，才能让这个涉及领域广泛、特征鲜明的组织顺利运转起来吧。

当地人做主角的中央线高架下项目

Rewrite着手的项目中，最具跨领域特征的就是中央线高架下项目（社区小站东小金井—移动小站东小金井）。

在策划这个项目之前，我们参与了2011年启动的"nonowa项目"，该项目的目标是提升中央沿线地区的价值。从项目的初步构想阶段我就参与其中。JR中央线铁路曾将这个地区分割成南北两片，为了解决地区分隔引起的一系列问题，实施了高架化工程并于2011年11月竣工。2012年nonowa项目正式启动后，首先制作了刊物《地区杂志nonowa》来介绍当地隐藏的名店和好去处。通过它很好地宣传了中央线铁路沿线各社区的魅力，还借机举办了多场居民共同参与的活动。

这些举措促使当地结成的新社团如雨后春笋般地涌现，为了给社团提供活动场所，以及与当地社区建立长久合作，我们在2013年启动了中央线高架下项目。

在这之前，包括高架下空间在内的车站一体式商业开发里，为了收回开发成本大多设置了较高的商铺租金，因此基本都会变成全国连锁店称霸的局面。而我们为项目提出的发展理念是"小商业"，也就是让当地小规模经营者进驻商铺，当地人成为这里的主人公打造与以往不同的商业设施。

在预算与工期都十分有限的条件下，为了最大限度地达成项目理念，除了做好策划，还要深入参与设计、监管、项目收支管控、店铺招租等各个环节。面向小规模经营者的店铺区域采用转租的形式，因而开业后运营方也可作为主体统筹管理所有商铺，这样的体制能确保开发商与店铺运营方顺畅的沟通。另外，车站广场还定期举办了与当地联动的主题活动——"家族的文化节"，参加这个活动的不仅有当地商铺的经营者，周边的小商店经营者也纷纷参与进来，大家共同创造出更活跃的社区氛围。

以可持续的公共空间营造为目标

我认为今后需要鼓励民间力量更积极地参与打造公共空间。比如近几年，日本政府尝试委托民间企业或团体来管理运营公共设施。这么做是为了减少政府管理和运营公共设施的成本？我认为这项举措并不能单从削减政府开支的角度来看，更重要的是让公共设施能够更好地服务当地居民。与当地联手改善公共设施的经营状况，甚至可以通过良好的经营获得收益返还给政府。如果没有长期的规划，公共空间营造也很难实现可持续性发展。

说到我们的组织和工作内容，不管是哪个行业也不论

家族的文化节（社区小站东小金井开业一周年时的纪念活动），于2015年11月1日举办。

市场规模是大还是小，明确与同行间的不同点是至关重要的。同样是提供这类服务，我们的不同之处在哪，又如何增加附加价值，这是我们始终需要保有的思考方式。

以我为例的话，因为我与大部分人的职业背景不同，更容易找到与众不同的思考方式。另外，一个人能做的事是有限的，在寻找共创者时，需要考虑什么样的组合和运转方式能让事业效果大增，从加法变乘法，朝着这样的理想模式不断摸索也十分重要。

要打造可持续的公共空间，不单单要有好的设计，项目框架构建和信息传播等工作也包含在整个过程中。今后我也会在项目中不断验证自己曾提出的那些假设是否正确。

采访时间：2016年5月17日，Rewrite股份有限公司（采访者：飨庭伸）。

城市规划与社区营造顾问（规划类）

　　城市规划与社区营造顾问（俗称"城市顾问"）的工作内容可以简单地归纳为关于城市空间营造的工作。随着城市问题日益多样化、复杂化，城市顾问的工作范畴也变得一年比一年广。从业者多为建筑出身，最近园艺、土木、文科出身的从业人员也有增加趋势。与土木类综合顾问不同，城市顾问专门负责城市规划与社区营造相关的业务，该行业仅有50年左右的历史，大多数是20世纪60年代～20世纪70年代从大学的研究室里独立出来创办的公司。城市顾问公司的规模参差不齐，有的不足10人，有的则超过100人，擅长的领域也各不相同。

　　城市顾问可以大致分为规划类、项目类和工作坊类。规划类城市顾问公司主要承接两类工作：地方自治体委托的规划方案制定；为制定和修改制度进行调查研究。具体内容有：地方自治体的总体规划、新建居住区规划、地区整治规划、景观规划与指标制定、旧城区规划、相关联的其他制度设计等，这些规划的实施是为了诱导某个特定地区的空间营造，促使建设项目成功落地。近年来，还出现了更加

笔者简介：高锅刚Tsuyoshi Takanabe/1967年出生。城市顾问，都市环境研究所董事。横滨国立大学工学院规划建设学科毕业，之后进入研究所工作至今。房地产规划师。addSPICE负责人。滋贺县立大学环境建筑设计学科毕业，曾就职于东京的房地产创业公司，之后回到故乡京都独立创业。主要著作有《新·城市规划手册》《城市·农村的全新土地利用策略》等。兼职经历/设计公司、城市规划顾问、家庭教师、送货员等。休息日/每周1～2天。假期生活/在咖啡馆度过或在网上下围棋。

多样的主题：集合住宅再生、防灾社区营造、活用文化型景观、自行车社区营造、地区经营、社会福利联动、人口减少社会背景下的政策制定、构筑能源系统等。伴随这样的潮流，城市顾问的工作拓展到建筑、园艺、商业等领域，甚至与能源及管理相关的组织也建立了合作关系。

不同领域有不同的业务内容，也需要具备不同的专业技能。但我认为有一点是共通的，那就是需要具备良好的沟通能力在多方（地方自治体、项目主体、居民、产权人、大学学者等）之间起到协调作用。听取所有人的意见后做出适当调整并将体现在规划方案里。另外，工作的首要目的是解决地区课题和创造新价值，因此需要具备发掘地区价值的慧眼，以及在时代变化中捕捉问题的能力。要善于开拓新思路，提出具有创造性的解决方法，提出美好愿景，还需要灵活的应变的能力和想象力。

在工作过程中往往会遇到自己未曾经历的新状况，但若能跨越这些问题就能造就一个成功的先例，这正是工作的乐趣与价值所在。对城市这个深奥的领域感兴趣、喜欢与人交流、愿意自发地解决问题，并且好奇心旺盛的人一定会适合城市顾问这个工作。

☺ 笔者的一天：

`5:30` 起床、看邮件 → `8:00` 到公司、制作文件资料 → `10:00` ～ `12:00` 公司内部会议 → `14:00` 与甲方1协商 → `16:00` 与甲方2协商 → `19:00` 参加所属的非营利组织的研讨会 → `21:00` 聚餐 → `0:00` 回家、入浴、就寝

工作满意度 ★★★★★　　收入满意度 ★★★　　生活满意度 ★★★★

城市规划与社区营造顾问（项目类）

为了改善城市与社区环境，我们会建设公园广场、铺设道路与市政管线，像这样通过各类工程增加城市的构成要素的行为是必要的。根据预算和规划，建设并完善具体的城市设施被称为"项目"。城市规划与社区营造顾问的任务是：在整个过程中提供支援，帮助项目实施者解决遇到的问题从而推动项目的顺利实施。项目有可能是新城开发、城市改造、旧城区居住环境整治、受灾区城市重建等，根据城市和地区的特征，项目的具体内容会非常多样。

项目的起点是由政府、民间事业主体或居民作为主体提出委托。项目开始后的第一步是告知所有与项目相关的产权人，在各个层面达成共识（通过开展工作坊收集意见、问卷调查、面向产权人的说明会、与政府部门的协调、社区营造协议会表决等方式），之后进入施工环节直到项目落成。在这个过程中，为了促使各方达成共识，顾问公司需要协助整个或者其中一个环节的实施。从事这份职业首先要具备建筑与城市规划相关的知识储备，同时需要具备调查和分析能力、海报宣传册及网站的设计能力。尤其在达成

笔者简介：松原永季Eiki Matsubara/1965年出生。Studio CATALYST股份有限公司董事。东京大学研究生院工学系建筑学专业，毕业后曾就职于Iruka设计集团。其"东之町路地社区营造规划"项目荣获2013年日本城市规划学会规划设计奖。兼职经历/设计公司。休息日/不定。假期生活/读书、乐队活动。

共识阶段，需要具备开展工作坊和促进成员对话的技能。最后还有一项很重要的工作：项目推进过程中需要制度、资金、规划、施工等多个领域的专家的参与和协助，城市顾问需要站在产权人与专家之间进行协调，必要时为了促进共识自主提出方案。

顾问公司的形态多种多样：有主要承接城市规划项目的公司，有从综合研究机构中分设一个部门承接此类工作的情况，有规模较小的个人工作室，还有建筑设计事务所将业务拓展到城市顾问领域的情况。从业者大多数是建筑、土木、城市规划类专业毕业的大学生，也有少数人文地理等文科专业毕业的。

近年来，城市规划与社区营造领域越来越尊重和重视"当地的主体性"。为此城市规划与社区营造顾问除了应具备推进项目的能力，还要全面地掌握当地存在的问题，保持更加贴近居民的姿态，起到提高居民自主性的作用，进而激活当地居民，促进社会和谐发展。

⏱ **笔者的一天：**
`7：00` 起床、吃早餐、出门的准备 → `9：00` 到公司、制作文件资料、开会、现场考察、内部商讨 → `19：00` 主持地区会议 → `21：00` 会议结束 → `22：00` 回家、晚餐、读书 → `0：00` 就寝
工作满意度 ★ ★ ★ ★　　收入满意度 ★ ★ ★　　生活满意度 ★ ★ ★

城市规划与社区营造
顾问（工作坊类）

接下来将介绍城市规划与社区营造顾问的另一项业务内容：在政府机关制定规划方案、建设道路公园等设施，以及进行社区营造时，创造更多"市民参与"的机会。市民参与的组织一般被叫做工作坊，而专门开展工作坊的顾问公司，本书想要介绍的工作坊类城市规划与社区营造顾问。

这类业务的委托方多为政府机关，顾问公司作为市民与政府间的重要桥梁，以中立的态度根据不同的目的设计形式各异的工作坊。一场工作坊的参与人数一般为20～30人，也有100～1 000人的大规模工作坊。有时会像主题活动一样仅开展一回，有时则经过5～6次活动逐渐加深讨论内容，甚至有历经数年的超长期工作坊。参与者的召集方式有：公开征集、直接邀请相关人员、随机抽选、在车站或者节庆活动现场驻点邀请路人短时间参与等情况。

工作坊类顾问公司的规模各异，参与者一般分为6～8人的小组围成一桌，每桌会有一名负责主持讨论的引导师。引导师一般由顾问公司的工作人员担任，如果是大型工作坊活动就会出现人手不足的情况，为此需要建立顾问公司

笔者简介：千叶晋也Shinya Chiba/1970年出生。石塚规划设计公司东京事务所所长。北海道教育大学札幌校艺术文化专业（美术工艺科）毕业，早稻田大学城市设计课程毕业。兼职经历/曾在现属的公司打工，制作演示视频、出版物等；便利店店员。休息日/一周两天。假期生活/散步、摄影。

间的协作体制,委托多家顾问公司负责引导工作。

工作坊的活动时间一般根据参与人群设定,比如想要上班族参加的话就设定在晚上,想要男女老少都能参加的话就设定在周末。因此,工作人员晚上和周末坚守岗位的情况较多。工作人员中建筑和城市规划专业出身的人较多,但工作坊的活动主题包含环境、防灾、社会福利、育儿等,涉及领域很广。工作坊的策划和运营更是不限专业,与各领域的专家们联合起来,不断摸索并尝试最佳方式。另外,参与者立场不同,意见不统一的情况不在少数,有的主题会出现讨论白热化,甚至双方僵持不下的紧张场面,运营工作坊的人要有宽广的胸襟、很强的忍耐力、热情好客和出色的沟通能力。

不少市民以参加工作坊为契机,对社区营造产生了浓厚的兴趣,并尝试自发地展开活动。因此好的工作坊的设计能为社区营造开拓群众基础,为人与社区更紧密地联结创造可能性。如果你也认为市民才是城市的主人公,乐于在社区营造的幕后奉献出一份力,不妨试一试这份工作。

⏲ 笔者的一天:

`8:00` 起床 → `9:30` 到公司 → 制作文件资料、制作检讨企划案、内部会议、管理兼职人员 → `16:30` 到工作坊会场做准备工作 → `18:00` 开场发言 → `18:30` 工作坊开始 → `20:30` 工作坊结束后收拾会场 → `21:00` 离开场地 → 反思会(庆功会) → `23:30` 回家

工作满意度 ★★★★　收入满意度 ★★★★　生活满意度 ★★★

大学教师与学者
（城市规划）

大学教师与学者每天都会面对学生这样年轻的群体，必须具备对教育事业的热情和公正的态度。其中城市规划专业的教师不仅有城市与建筑的相关知识，还能将视野拓展到历史、文化、经济、法律等领域，关注社会中的各种事物和现象。

成为大学教师之前，先要带着研究的课题参与社区营造现场的活动。在此过程中能够增长学识，培养洞察地区特征并制定地区性方案的能力，还能培养与各类人群对话并归纳总结的能力。撰写数篇学术论文，审查通过后取得博士学位，这是成为大学教师最基本的条件。一般情况下，攻读博士期间会担任教授的助手，接着是助教、准教授、教授，按照这样的顺序晋升。另外，也有曾在企业工作，通过就读博士取得学位后转职为大学教师的人。

在社区营造中，大学教师的"教育、研究、社会贡献"三个工作职能合为一体。大学教师与学生一起走进社区营造活动的现场与市民互动。有些社区问题的解决必须依托大学的支持，尤其是那些短时间内得不到成果，需要循序渐进

笔者简介：志村秀明Hideaki Shimura/1968年出生。芝浦工业大学工学部建筑学科教授。早稻田大学研究生院理工学研究科博士（工学）毕业。2003年开始担任芝浦工业大学工学部建筑学科助教，2011年升为教授。主要著作有《月岛再发现学》等。兼职经历/家庭教师、网球教练。休息日/一周一天。假期生活/读书、网球。

地深入参与的项目。以我的研究室为例，我在东京的下町地区设置了一间校外研究室，在那里反复进行实践和社区营造活动的研究。同时还在日本的其他城市和山区进行着研究活动。这不仅是学校教育的一个环节，也是学术研究和社会贡献。

大学教师担任本科生和研究生院的教学工作，包含讲义式教学和设计类演练课程。除此之外，研究室还有定期的研讨会。在学术研究方面，教师会和学生、市民一起展开调查和分析，将成果总结成学术论文或书籍。通过参加学术研讨会，与其他大学的学者们联动展开最前端的研究活动，从中得到的科研经费对研究起到推动作用。社会贡献方面，大学教师运用自己的学识，也会担任地方自治体的审议委员、规划制定委员、方案审查员等职位。另外为了与市民增加互动，大学教师还会加入非营利组织或社区营造协会，面向市民开办讲座、演讲会等。

除了上述这些内容，教师还会参加校内教师会议、学科会议、各种委员会等，因此工作十分繁忙。由于大学教育机构不需要考虑经营问题，大学教师可以专注于建立与市民之间的信赖关系，全身心地投入社区营造工作。对于追求最理想的社区营造的人来说这是一份得天独厚的职业。

⏲ 笔者的一天：
`6:30` 起床 → `8:30` 到学校 → 上课、研讨会、会议 → `19:30` 回家 → 晚餐 → 在家工作 → `23:30` 就寝
工作满意度 ★★★★★ 收入满意度 ★★★★★ 生活满意度 ★★★★★

大学教师与学者
（建筑规划）

目前日本的公共设施面临着城市萎缩等不断变化的社会环境。已经不能只按照指标进行设施规划，需要与公共设施的使用者也就是市民一起，制定符合当地特征的设施规划方案。为此建筑规划在其中担任的角色也发生了变化。

建设公共设施时，通过开展市民工作坊让更多的人参与设计过程，最后通过竞选确定方案的方法已经越来越普及。建筑规划领域的学者在工作坊中担任的重要职责是：运用研究中积累的专业知识，将来自设计者、使用者、设施管理者，以及其他工作人员的意见归纳整合。在人口减少的社会转型过程中，不得不重新构建公共设施体系。这里需要一改以往的消极思路，看准"建造真正需要的设施"的良机，考验我们是否具有乐观积极地改善城市环境的能力。建筑规划的学者们既有关于设施功能规划的专业知识，又具备从建筑学视角看待城市的能力。他们所肩负的职责是：抓住重新构建公共设施体系的良机，放眼将来规划真正为社区所用的设施。公共设施建设从对量的需求转变为对品质的追求，由此诞生了新时代的建筑规划。

笔者简介： 仓斗绫子Ryoko Kurakazu/1973年出生。千叶工业大学创造工学部准教授。博士（工学）学位。在东京都立大学研究生院取得博士学位后，曾就职于KOKUYO公共家具事业部、东京都立大学研究员等工作。主要著作有《text建筑规划》《儿童的环境设计事典》等。兼职经历/家庭教师、设计公司、牙医助手。休息日/一周一天半。假期生活/家庭主妇。

141

实际上，日本各地的自治体在重建公共设施体系时，第一步立案阶段大多会设置办事处，以及由市民和学术人员组成的委员会。这里的学术人员包含经济和政治领域的学者，近年来建筑规划和建筑生产领域的学者也积极参与进来。有了他们的加入，不仅有助于设施建设时的成本控制，还能促进建筑物的有效活用，更好地整合、重组设施功能。比如，作为公共设施重组的先驱而闻名的地方自治体——神奈川县秦野市。在设施建设资金严重不足的情况下毅然转变方向，彻底执行将已有设施统筹废弃的政策。其中关于今后学校建筑的改建，全部采用骨架内装分离式建设等，自治体做出了涉及建筑构造设计范畴的决策。而这个决策正是接受了建筑规划学者的建议。在今后，公共服务不是通过建筑物本身来达成，而是通过建筑物提供的功能去实现。即使是其他类型的建筑，只要具备了必要功能同样可以实现公共服务。

位于地震灾区的陆前高田市立东中学（设计者：SALHAUS），在建设时由建筑设计师和规划专家共同策划了工作坊活动，邀请了当地居民、中学生和教职员工参加，反复讨论并制定了学校的基本设计方案。建成后的校园也逐渐成为当地居民重要的交流场所。

当今社会需要我们用新的构想去打破已有框架，在坚持不懈地观察和分析的基础上，通过构建伟大梦想的力量和胆识去实现它们。

⏱ 笔者的一天：

`5:30` 起床 → `7:00` 目送丈夫孩子出门后去上班 → `9:00` 上课、开会、研讨等 → `17:30` 冲上电车赶回家 → `19:30` 经过托儿所接孩子回家 → 烧洗澡水、准备晚饭 → `20:30` 晚餐 → 合家团圆 → `22:00` 哄孩子入睡 → 第二天的上课准备 → `1:00` 就寝

工作满意度 ★★★　　收入满意度 ★★★★★　　生活满意度 ★★★★

广 告 公 司

广告公司是负责制定广告战略、制作广告、向大众媒体（电视广播、杂志报纸、交通部门、网络等）投放广告的公司。

公司里的市场部门是与顾客沟通的重要窗口，战略规划部门负责制定广告战略，创意部门负责广告制作，还有媒体规划部门和推广部门等。针对每一个项目都会选择各部门的工作人员组建执行团队。

创意部门中有担任部门领导的创意总监、擅长视觉表达的艺术总监、擅长语言表达的广告撰稿人、专门负责电视广告企划的广告策划。艺术总监多由艺术大学出身的人担任，除此之外的职位则不限学校和专业。

近年来广告公司的业务范畴也在扩大。越来越多的客户向广告公司抛出难题，比如"我们的公司应该生产什么样的商品？""我们的企业在十年、二十年后的姿态是什么？"

广告公司与顾问公司的区别在于，前者是以使用者的视角并且联合媒体与创作人包揽从策划到实施的整个流

笔者简介：并河进Susumu Namikawa/1973年出生。广告撰稿人、创意总监。电通股份有限公司、电通society·design·engine分公司代表。东京大学工学部船舶海洋工学科（现系统创成学科）毕业后从事现在职业。主要著作有《social design改良社会的项目打造方式》等。兼职经历/家庭教师。休息日/一周两天。假期生活/公益活动（运用专业知识的志愿者活动）。

程。也就是说，广告公司的工作没有行业限制，为解决客户抛出的问题，借助各行各业的力量制定计划，全心全意地投入实施。这个过程困难重重，但工作带来的乐趣也层出不穷。

接下来谈谈广告公司在社区营造里起到的作用。第一点我认为是在交流互动方面。比如，地方自治体为发展当地观光事业、推广移居政策，需要策划和实施面向参观者的交流互动。这时会委托广告公司制作海报、宣传册，制定活动推广计划，开展各类活动等。近年来，广告公司的工作委托中出现了很多"激活社区""畅想十年、二十年后社区的样子"这类原本不属于广告范畴的内容。

我认为今后广告公司在社区营造中还能发挥更大的作用。将解决企业课题中培养的能力运用在"为社区解决问题"上。社区的蓝图由地方自治体、非营利组织、企业、媒体、创业者们一起描绘。我期待着今后出现越来越多的广告人，也期待着他们参与到社区营造中来。

⏱ **笔者的一天：**

`8：00` 起床 → `8：30` 出门 → `9：30` 到公司 → 内部会议 → `13：00` 向客户汇报 → `14：30` 回公司路上途经书店，收集信息 → `15：30` 回到公司、内部会议、准备第二天的汇报资料 → `20：00` 下班 → `20：30` 和其他行业的朋友会面聚餐 → `23：00` 回家 → `1：00` 就寝

工作满意度 ★★★★★　　收入满意度 ★★★★★　　生活满意度 ★★★

智　库

智库指的是：针对各种政策上的问题进行调查分析，提出改良意见的研究机关。以1916年成立的布鲁金斯学会（Brookings Institution）为代表，智库是20世纪初由美国发起的。美国的智库主要为非营利组织，不少智库拥有极高的独立性，对政策的影响巨大。日本的智库成立于20世纪70年代以后的高度经济成长期。为配合当时的大型城市开发事业，由私营企业创立子公司或中央政府创立关联团体的方式成立。因此与大幅左右宏观政策的美国智库不同，日本智库主要从政府接受工作委任，只针对个别具体政策进行调查分析。

我所属的城市银行类智库里，有专门承接建筑与社区营造相关的调查工作的部门。我通过一般的招聘流程进入该智库。这个领域具有一定的局限性，很大程度上依赖于政府的倾向和企业的体制，因此我们的部门也不是每年都有招聘计划。

我的业务内容主要有：为中央政府所管范围的政策立案进行调查工作，以及协助地方自治体制定综合规划和城

笔者简介：冈村健太郎 Kentaro Okamura/1981年出生。研究员。东京大学生产技术研究所助教。东京大学研究生院毕业后，曾于智库工作，之后任现职。主要著作有《"三陆地区灾害"与村落重组》。兼职经历/编辑。休息日/一周两天。假期生活/打扫卫生。

市总体规划。不仅有上述这些政策上游的业务类型，还有如设施建设、社区营造咨询等政策下游的业务类型。业务的一般流程是：收到政府机关发起的公募，制作和提交企划书；一旦被政府采纳，会依据项目的具体内容，开始统计分析、整理先行研究、采访相关学者等工作。还会通过开展市民工作坊收集和整理信息，最终提交调查成果获取相应报酬。独立取得调查成果是一项耗时耗力的大工程，但我们的工作成果能够促使国家的政策实施，从而对社会做出广泛的贡献，这是在智库工作的最大乐趣。

如果谈到在智库工作的难点，那么专业性的问题算一个。通常我们在学生时代能够掌握一门专业技能，智库里却很少有人能只靠一门专业知识存活下去。也就是说，在职场里不断积累经验的同时，自主拓展其他专业知识是很有必要的。但是在平常繁忙的工作中，想要挤出时间精力学习其他专业知识，总是比自己的设想要困难得多。举个例子来说，我的兴趣是骑自行车，这乍看与社区营造毫无关联，但如果能从自行车的视角出发，思考当前政策中存在的问题的话，就能培养关于自行车交通政策的专业性。对于智库工作者来说，这种顽强心是必要的。

⏱ **笔者的一天：**

`7：30` 起床、吃早饭、做便当 → `9：30` 到公司、制作文件资料、开会和其他公司内商讨、做会议记录 → `22：00` 下班 → `23：00` 回家 → `0：30` 就寝

工作满意度 ★★★★   收入满意度 ★★★★   生活满意度 ★★★★

编　辑

在日本,编辑的主要任务是通过报纸、杂志、书籍、免费刊物等纸制媒体,以及网站等,向大众传达肉眼察觉不到的"价值"。一般来说,编辑受到客户或作家的委托,为了协助他们传达想法,首先要整理传达的目的、目标群体、所期待的成果等要素,选择正确的传达方法并制定计划。随后与设计师、摄影师、插画师、作家等专业人员组成团队,运用各种技能实现委托方的想法。完成前的进度管理也是编辑的工作。

近年来,社区营造领域也越来越需要编辑的力量。我所属的公司有很多参与发掘传播社区价值与魅力的项目。比方说,政府与市民共同描绘社区未来的同时会制定"综合规划"。综合规划中编辑与创意总监协作,将规划理念和实施指南转化为简单易懂的语言,制作成让人兴趣盎然的、描绘社区未来的书籍。再比如说,编辑会与建筑设计事务所、设计公司合作,参与社区营造据点型公共建筑的规划设计项目。为了设施运营者与居民们带着深厚感情更好地利用设施,编辑会参与项目策划和各种项目过程的设计,通过这些设计促进居民自发地开展活动;紧接着,运用网络

笔者简介:多田智美Tomomi Tada/1980年出生。编辑。MUESUM股份有限公司代表。龙谷大学文学部哲学科教育学专业本科毕业,彩都IMI研究生院毕业。以"从创造到记录保存"为主题,从事书籍、刊物、网站及其他媒体的策划与编辑工作。京都造型艺术大学临时讲师。主要著作有《从小豆岛看如何创造日本的未来》。休息日/一周一天。假期生活/看电影、做饭。

媒体将公共建筑的营造过程对外宣传，多角度展现社区魅力。有时会制作板报新闻、印刷宣传海报为公共设施的开馆营造热烈的氛围。还有广告制作、地方特产和商品开发的策划工作等。

成为编辑的基本要求是"收集"和"加工"信息，将它们"提供"给目标群体。"收集"的主要方式有采访、约稿、实地考察等，在大量的信息中提炼有传播价值的内容，这份挖掘能力是很重要的。有时也会从客户、目标读者、各行业专家的视角来挖掘提炼信息。"加工"指的是整体把握收集到的信息，思考最想表达的内容，将素材编辑成生动的故事。最后为了将成果传达给目标群体，需要具备很好的传达能力。

日本目前并没有适用于编辑的职业资格考试和专业教育。因此这个行业没有文理科专业限制，各种专业背景的人都可以成为编辑。可以说这是一份可以发挥自己所有知识和经验储备的职业。今后需要编辑的思维方法的场合会越来越多。

⊙ 笔者的一天：
`6:00` 起床 → `7:00` ～ `9:00` 到商讨现场 → `10:00` ～ `11:00` 编辑会议 → `11:00` ～ `18:00` 开会、采访等 → `19:30` 在活动现场享用美食和美酒 → `21:00` ～ `23:30` 返程 → `0:00` 到家 → `1:00` 就寝
工作满意度 ★★★★★　收入满意度：保密　生活满意度 ★★★★★

一份创出社区未来的杂志

greenz.jp

铃木菜央

网络杂志《greenz.jp》（以下简称greenz）的理念是"理想的未来，自己去创造"。网站上可以免费阅读各行各业正在创造或想要创造理想未来的人们的采访内容，其中社区营造方面的文章很多。目前我们网站的读者数（每月的独立用户）达到了35万。

greenz最大的特征是每一篇文章都是用心撰写的。以每天两篇的频率更新，由全国各地的70名撰稿人自发地选取主题然后执笔。在和撰稿人成为工作伙伴之前，我们是朋友，或是愿景一致的伙伴。在greenz登载的文章之所以能获得如此多的共鸣，也正是因为撰稿人饱含真实情感地抒写。

虽然没有直接参与社区营造项目，但我们一直都在间接地推动。毋庸置疑的是，运营媒体的主要乐趣之一是：自己的想法具有影响社会的可能性。被采访者的思维方式和行动方式，通过我们的传播更广泛地影响社会，有的甚至能决

笔者简介：铃木菜央 Nao Suzuki/1976年出生。greenz主编。东京造型大学设计学科毕业后，曾在月刊《SOTOKOTO》的出版社工作，后于2006年创刊网络杂志《greenz.jp》。主要著作有《用自己的双手创造"理想的未来"》。兼职经历/地铁线路维护、荞麦面店。休息日/一周两天。假期生活/种植家庭菜园。

网络杂志《greenz.jp》。

⊕ 笔者的一天：
6:30 起床 → 7:00 送孩子去校车乘车点，出门工作前和妻子聊天 → 8:00 瑜伽和散步 → 9:00 开始工作、线上会议 → 12:00 午餐后线上商讨会 → 15:00 照顾家禽、整理庭院 → 15:30 事务处理 → 19:00 晚餐 → 和孩子一起 → 22:30 就寝
工作满意度★★★★　收入满意度★★★★　生活满意度★★★★★★

定社会的发展方向。我认为没有比这更让人高兴的事了。

我担任greenz的主编（以及组织代表）最重要的工作是为团队的所有成员（包含70名撰稿人在内一共有100人）创造更舒适的工作环境，为他们的工作提供支持。团队成员间良好的人际关系是工作的基础，在这样的环境下高品质的稿件和工作成果才能诞生，我们所期待的"增加理想未来的共创者，实现公司的可持续发展"才能得以实现。

网络杂志发刊前的曲折经历

我在大学里学的是设计专业，但是苦恼于自己没什么平面设计的才能，当时想到的职业方向是"社会设计"。然而具体要如何实现当时的我一直没有找到答案，就这样在大学期间参加了NGO（非政府组织）和NPO（非营利组织）的实习，和朋友一起制作和推销杂志。毕业之后依然在寻找自己的答案。我当了一年的志愿者，之后又作为普通上班族愉快地工作了好几年。突然有一天恍然大悟，"我想做的事不是这些！"于是我再次思索"社会设计"的含义，这次得到的答案是创刊新的媒体。

但我没有媒体行业的工作经验，创业和公司经营的经验统统为零。第一步当然是去学习！于是我转行到杂志出版社工作（月刊《SOTOKOTO》的发行单位——木乐舍股份有限公司）。当时我对刚结婚的妻子说想要创刊网络杂志，妻子的回应是"挺好呀！但是每个月要按时上交工资给我哦（还附上了爱心符号）"。两年后我和伙伴一起创刊了网络杂志。

工作的困难、喜悦和乐趣

创刊greenz恰巧在我第二个孩子出生前不到两个月的时候。当时的工作状态怎么看都不像能挣到钱，我们甚至把自己业余承接的制作小册子的收入，全都倾注进去。想让当时还毫无知名度的greenz被更多人阅读到，但是当时的资金严重不足，因此答应妻子的工资有时候也没法上交……对于创业来说，有想法固然重要，但还要学习保障资金运转的方法并慢慢去实践，在此基础上才能实现自己想做的事业。

为我们跨越重重困难提供动力的是，不断在网站上发布文章的一些人，他们甚至造成了一定的社会影响力。被采访对象的思维方式、行动方式得到了社会的共鸣，还有人以此为契机改变了人生轨迹。这些改变的集合体一定能让社会的发展方向也有所改变。在工作中实际感受到社会的变化时，我收获到无尽的喜悦和乐趣。

创业者应具备的七个品质

我认为创业与创造新的工作时需要的品质有七个。其一，只做想做的，这份有点任性的热血之心。其二，我的话一定能做到，这份毫无根据的坚定之心（也叫"中二病"）。其三，想看不曾见过的风景，这份好奇之心。其四，没人做过的话就由我来做，这份开拓之心。其五，考虑事业开始后的将来是什么样，这份想象力与妄想力。其六，总会有办法的，这份乐观之心。最后一个是，决不放弃直到成功的顽强之心。

如果将来有一天，你发现社会上已有的行业并没有自己真正想做的事，已经能够预想到的自己的未来变得乏味的话，那么我觉得你应该尝试创业。我可以毫不夸张地说创业是世上能够学到最多、内容最丰富多彩的职业。

笔者（第一排右起第二位）和greenz撰稿人的合照。

研究和实践两手抓

一般社团法人Urban Design Works
榊原进

工作的三大板块

我所属并担任代表的NPO法人Urban Design Works（以下简称UDW）成立于2002年，它是一个以仙台为腹地，支援和实践以市民为主体的社区营造活动的组织。我们的工作主要分三个板块。第一个是以"传承给下一代的城市建设"为愿景，用心挖掘城市和地区的魅力。从构建更具魅力的未来到策划具体的项目内容，我们的组织提供放眼未来的顾问咨询。2009年开始，仙台市荒井东地区在进行土地规划的同时，按阶段引导土地利用的优化从而改善城区环境。该地区的产权人和八家企业组成了协会，我们担任了其运营工作，并协助他们制定社区规划，调整各项目和即将建设的设施。另外，对于运用城市规划提案制度进行地区规划变更时，我们会提供顾问服务，还会受托制定大学校园的总体规划。虽然这些工作的委托人一

笔者简介：榊原进Susumu Sakakibara/1974年出生于静冈县。东北大学研究生院工学研究科城市与建筑学专业，硕士。2002年设立NPO法人Urban Design Works并担任董事。曾在地方智库工作，后任组织的常勤。兼职经历/家庭教师、在研究室项目里打工。休息日/一周一天半。假期生活/和孩子玩耍。

Urban Design Works 的三大业务板块。

般是私营企业,但工作内容与政府的城市规划政策密切相关,因此时常需要与政府部门沟通。

第二个是与市民一起推动地区建设。以当地居民为主体的社区营造,居民间的沟通和意见整合十分重要,我们主要接受政府委托,支援这类社区营造活动。具体来说,在制定综合规划和建设公共设施时,我们会负责策划和开展市民工作坊。东日本大地震发生之

⊕ 笔者的一天:
7:30 起床 → 吃早饭、晨练、送孩子去幼儿园 → 9:15 到公司 → 看邮件、公司内商讨、做开会准备 → 12:30 午餐、公司外商讨、会议 → 17:00 回公司、公司内商讨、制作资料 → 22:00 下班 → 22:30 回家 → 洗澡、小酌一杯 → 1:00 就寝
工作满意度★★★★★ 收入满意度★★★ 生活满意度★★★★★

后,灾区的町内会和社区营造协会担任主体,制定灾区复兴社区营造规划时,我们同样提供了关于规划制定和组织运营的支援。

以上提到的内容与城市规划顾问公司的业务有不少重叠。但是作为NPO法人的UDW,通过征集会费和各类扶助金自主地保障了资金来源,同时我们兼具"乐享社区的城市设计中心"的作用,为市民能轻松参与社区营造提供契机。具体内容有,将与社区营造相关的信息编辑成直观易懂的内容,通过小册子、网站和展览会对外公布。还会制作城市散步地图、实施社区导游、在公园和开阔的空地等公共空间举办市集、野餐等,为推广乐享社区生活策划各类活动。除此之外,UDW还支援以当地居民为主体的各类实践活动,如避难训练、集会场所建设、活用本土资源项目等,在其中作为顾问提出建议。不像委托类业务那样,业务内容和目标成果一定程度上已被事先决定好。这里提到的业务需要自主发现问题、设定目标,接着制定企划案。针对未来可能出现的状况设定课题,顺应社会趋势提出社会实践方案,具有较强的实验性。项目实施过程中,我们会积极对外宣传,吸引对方案感兴趣的市民一起参与进来,与其他NPO、企业协作的情况也很多。渐渐地我们形成了广泛的互动网络,利用这个网络让市民在项目中发挥能动作用,公司也因此获得了很好的评价,获得了更多的业务委托。

贴近市民的专家

回顾我的大学时期，大村虔一[①]教授是我从事现在这份工作的起点。学生时代的我一边做着关于城市景观和中心城区的研究，一边协助教授参与城市开发项目、政府委任的调查和规划制定等，因而体验了真实的工作场面。在教授的悉心指导下，我接触到了政府职员、城市规划师、民间企业家等各行各业的人士，也学到了调查和分析地区、制定地区课题和发展目标、将课题归纳成具体的规划方案等社区营造相关的基本技术。

2000年我留在大学作为研究员，参与了"胜手连仙台社区营造应援团"的结成活动。以大村教授为首，城市规划师、政府职员、NPO法人事务局局长等仙台的前辈们都成了应援团的成员，如今我也时常得到他们的帮助。在胜手连地区，我们选取自己感兴趣的地区进行场地勘察，通过分析收集到的资料和数据，整理出了该地区的特征和存在的问题。政府难以制定的详细对策，由我们代之整理后并向当地居民提议，最终在当地集会上进行发表。发表时，我们制作的地图和图表资料广受好评，不知道是不是在其中受到了启蒙，居民们开始讨论当地的历史、往昔的生活风

---

① 大村虔一（1938—2014）城市规划师，1968年创立日本城市规划设计研究所，曾着手东京歌剧城、幕张滨海城等日本城市与地区开发的先驱性项目。1995年回到故乡仙台，担任大学教授。之后在东北各地投身社区营造。

俗，从生活的视角提出社区的不便和令人担忧的问题，当然还有对未来的展望，这些交流就像大坝决堤一般一涌而出。对于我们提出的未来对策，虽然"赞否两论"（日语惯用词汇，对一件事情赞成和反对两种论调各占一边，互相对峙），但居民们积极地提出意见，议论也呈现白热化。当时26岁的我，面对众多对社区满怀热爱的市民不禁想到，大家的想法和提案聚集起来一定能成为推动社区进步的巨大的能量。为了将这些想法和提案付诸实践，市民也需要掌握专业知识和技术。这样真正以市民为主体的社区营造才能得以实现。为此需要有贴近市民的专家助阵，这使我下决心设立 UDW。

设立 UDW 已经过去了十几年，从策划到规划设计，"创建社区"是我们的主要工作，现在我们正在挑战"培育社区"的城市管理工作。同样是在前文提到的荒井东地区，沿用了协会当时制定的社区营造规划，居民与本地企业协同增强社区凝聚力和活力。除此之外，还有官民协力的公共空间与设施的管理等，为提高社区价值不断进行尝试。

今后，透过自己与社会的关联来看，社区营造需要的是什么？自己的能力和技术为此又能做什么？保有这样的思维方式会变得更重要。希望所有为社区营造而努力的人，能不畏惧失败地迎接挑战。

把玩耍带到你身边的游玩老师

一般社团法人儿童与青年社区
星野谕

儿童、玩耍、社区营造

　　游玩老师指的是儿童中心、托儿所的工作人员、儿童俱乐部的辅导员、冒险游乐场的指导员等各种供孩子们玩耍的场所里的专业工作人员。孩子、家长、当地居民和企业共同参与，为孩子们创造玩耍的场地。这里面还需要一个地区协调员一样的角色，在他们之间协调沟通。

　　在社区玩耍的孩子们，受到邻居的爷爷奶奶们的守护，曾经这样理所当然的生活风景近年来越来越难看到了。尤其在市中心，几乎看不到在外面玩耍的孩子，多年龄层的交流也在消减。反之儿童的吵闹扰邻问题、老人养育子女的孤立无援、邻里关系冷漠等社会问题的出现，让"无邻里社区养育孩子"的问题日益严峻。

　　面对这样的社会问题，我们收集自然素材制成原创玩

笔者简介：星野谕 Satoru Hoshino/1978 年出生。游玩老师，一级建筑师。一般社团法人儿童与青年社区代表。日本大学研究生院建筑专业毕业后，曾就职于设计与社区营造公司、观光协会等多个行业，30 岁后自主创业。休息日/一周两天。假期生活/做家务、带孩子玩耍。

159

具,将这些"宝物"装满手推车,将"玩耍"带到路边和广场分享给社区里的孩子们。普通的城市空间变成了儿童游玩的好去处,我们把它叫做"移动式儿童基地"。这是父母和孩子的小天地,与此同时培养着共同守护儿童的邻里社会。

东日本大地震之后的灾区重建中也进行着这样"将玩耍带去儿童身边"的活动。有一天在我们的游玩场地发生了这样的情景:地震后一直寸步不离看护自己孩子的母亲,第一次放开了紧抓着女儿的手,让她自由地玩耍。看到女儿忘我玩耍时露出的笑容,母亲的眼泪止不住地流。还有地震后互相失去联系的人,偶然在这里重逢。这里充满了孩子之间、家长之间,还有家庭之间的真情。在灾区的活动中我真切地感受到,玩耍可以治愈人心、连结人心。

想创造更丰富的原始体验

我现在所做的事都是源于小时候丰富的原始体验:去山野间玩耍、徒手捕鱼或在森林里建造自己的秘密基地,街边卖菜的小店铺和道路都是我玩耍的场地。人、自然、文化、乡土这些相互关联的要素共同养育了我。

刚来东京上大学的我,在面对与自己成长环境截然不同的社会时,受到了相当大的冲击。这是一个被学习和工作剥夺了玩耍时间的世界,身边能够玩耍的场地也在消失,

🕐 **笔者的一天:**
5:30 起床,与四岁的儿子玩耍、吃早饭 → 9:00 到公司 → 开会商讨、制作文件资料、和各方协调,还有开讲座、举办各类活动、打造玩耍场地等 → 19:00 回家 → 哄孩子睡觉、与项目地相关人士协商 → 晚饭后夫妇聊天 → 23:00 就寝
工作满意度 ★★★　收入满意度 ★★★　生活满意度 ★★★★

孩子和家长身边没有其他年龄层的朋友，人们的心中没有喘息和空白……这是一个缺少"时间""场地""朋友""空隙"的社会。

就算埋怨社会也什么都改变不了，怀着这样的信念我从学生时代就开始了行动。为了丰富孩子们的原始体验，2001年我成立了小团体，改造一间空房把它作为孩子们放学后的活动场所，在那里开展了不同年龄人群的交流会、儿童与社区的设计活动等，进行了许多实践。

我20多岁的时候，在建筑、社区营造、观光等领域工作。在各个企业、市民团体、町内会、商店街组织和个人之间牵线搭桥，实践了许多社区营造的活动。特别是在东京的神田地区，有与当地居民合作的项目、有与其他地区交流的项目，还策划和实施了地区导览游、制作本地信息杂志等。初出茅庐的我，在充满着对本地热爱的年轻人的大声鼓励中，不管是作为个人还是作为社区营造的一员，都得到了锻炼和成长。

迎来而立之年的我，决心和妻子一起追寻真正想做的事，两人便辞去工作，和伙伴们一起开始了创业之路。对于我们想要做的"移动式儿童基地"这件事，周围的人都说这太异想天开了，确实目前为止我们都还只是作为志愿者工作。事业的启动缺乏资金，于是我们申请了政府补助。在得到道路管理部门许可后，封锁了部分城市道路作为游玩场所实施了该项目。然而为了继续这个项目，我们联合企业、政府、町内会和商店街组织、学生等，构建了多方合作的关系网。将社会需求、本地资源、相关人士的特长设计成一个乘法算式——"此刻 × 此地 × 此人"，创造出了独一无二的"新价值"，我们也因此开始得到其他有契约金的工作委托。

为了世界和平，打造"玩耍型社区营造"

没见过邻居家的孩子，甚至没听到过他们的声音——这对当今社会的成年人来说不是什么稀奇事。于是那些不认识的孩童的声音被当作扰邻的噪声。家长把孩子关在室内养育，无法建立邻里关系，甚至家长在看孩子时周围连商量的人都没有。在这样的恶性循环中许多父母积攒了压力和不满。为此我认为可以通过"玩耍型社区营造"改变这种恶性循环式的邻里社会。让所有场地都成为多年龄层共同用的玩耍空间，借机建立良好的邻里关系。

作为游玩老师，建立人与人之间的关联是很重要的工作。孩子之间、孩子与大人之间、大人之间，了解各种群体的特质，在他们之间创建联系。希望大家都能在自然和社区中尽情地玩耍，通过玩耍获得更多体验，在与别的年龄层交流中看到更多样的价值观。

我认为"玩耍型社区营造"是通往和谐社会的最佳途径。玩耍始于个人的意识，体会它的过程并实现自己所想是一种宝贵的人生体验。通过玩耍可以发现真正的自己、创作自己作为主角的故事、收获"人生充满乐趣"这样积极的价值观、获得自我肯定等，玩耍给我们带来数不尽的益处。我认为玩耍这份人类的原始体验，才是培养人的最重要的基础。

用玩耍型社区营造的理念，能造就多样性的良性循环，萌发自己与其他事物的关联。将属于"内在环境"的心理、技术、体感、知识等与属于"外在环境"的人类社会、自然、文化、乡土、地球等结合，超越年龄、地区，甚至超越文化、宗教和国界，"玩耍型社区营造"将成为今后时代的关键词，对此我深信不疑。

移动式儿童基地。将城市道路封锁后变成玩耍的场地（石卷市）。

社区营造共创者【幼儿园】

森林幼儿园 "marutanbou"

　　鸟取县智头町有一个森林幼儿园。它的基本的理念是不建设专用的教室和操场，町内所有场地都可以作为幼儿园使用，所以我们也把它叫做"社区幼儿园"。神社、老民居、广场、露营地、山谷、杉林松林都是幼儿园学童们玩耍和学习的场地。在村落间散步、在小河边玩耍，甚至生火体验都能让孩子们从自然中获得娱乐和自发学习的机会。

　　森林幼儿园最早出现于20世纪50年代的丹麦，21世纪才开始在日本实施。西村早荣子在智头町开创的森林幼儿园"marutanbou"可以说是日本的先例。我们去考察的那天下着雨，幼儿园的学童们在开阔的露营地玩着水。觉得冷了他们就去屋檐下生火，用收集来的使用过的一次性筷子和废纸当柴火，取出火柴反复尝试后生起了很大一团火。幼儿园老师们只是在一旁默默关注着，何时该熄灭它、如何让火更旺都让孩子们自己去考虑。

　　在智头町，散步在村落间的孩子们会与居民自然地对话，长辈们可以传授给他们许多生活经验，通过老房子教给他们当地过去的生活风俗，森林里的生物可以教给他们生态圈的平衡体系。整个社区到处都有老师，所以幼儿园的教师只要负责协调工作、确保安全就好。森林幼儿园并非通过管理的方式去实现教育和生活，而是整个社区共同养育孩子们。正是因为日本进入了少子化的时代，像森林幼儿园这样的形式在社区营造中显得更加重要。（山崎亮）

智头町森林幼儿园marutanbou/2009年4月由鸟取县智头町的孩子的家长们组织开设。2011年4月，成为特定非营利活动法人组织，将町内的14个森林区域划为活动范围。地址：鸟取县八头郡智头町大屋160。

第 五 章

社区的制度与支援措施

这项工作通过建设制度，推行各种措施创造社区营造所需的环境。工作中会与活跃在社区营造现场的各方建立信赖关系，有时还会与现场的人并驱前行。一般由政府部门负责这项工作，行政组织会严密地设定各部门的工作范畴，因此涉及社区营造时不同的组织有不同的权限。除了政府，日本民间也有独创的社区营造工作方式，它们往往更加灵活且具有各自的敏锐洞察力，创造出新的制度和各种支援措施。(飨庭伸)

现场教会我们一切

一般社团法人NOTE
金野幸雄

金野幸雄Yukio Kinno/1955年出生于德岛县。一般社团法人NOTE代表理事。东京大学工学部土木工学科毕业后,曾就职于兵库县政府,后任筱山市副市长、兼任流通科学大学特聘教授,之后任现职。主要著作有《村落丸山》《筱山城下町宾馆NIPPONIA》等。在村落和城下町等地区发起历史街区再生项目,作为支援型组织,将想要从事古民居再生的事业者联系起来。

55岁的公务员选择转业

正在读这本书的你也许正在考虑把社区营造当作主业,但是社区营造领域的创业不是简单的事。我建议可以先试试顾问公司或公务员的工作,积累一定经验后再创业也不迟。人生并不是只有创业才了不起,成为一名优秀的公务员(当然优秀是前提),勤勤恳恳地为工作奉献一生也是非常了不起的事。

我在兵库县政府任职公务员25年,之后还担任了筱山市副市长,任期4年。到55岁的时候,我辞去了公务员工

金野幸雄先生站在由古民居改建的事务所前。

作，加入了开展村落再生事业的支援型组织"一般社团法人NOTE"，担任代表理事。我选择转业的年纪，在公务员行业中算是非常晚的，但这并不是我计划内的，而是自然而然地转业。

社区营造只靠政府牵动是不够的，因此大约在2000年之后，我对NPO和支援型组织产生了兴趣，开始思考官民协作的实现方法。我在政府工作的时候创立了NPO，作为公务员没办法做的都依靠这个组织去实践，现在NOTE进行的古民居再生、社区再生之类的活动就是从当时一直延续至今。当时我的做法在机构里属于出格的举动，我也被当成怪人，最后就真的冲出了边界，成为了民间公益组织的法人。

在日本,大部分的NPO不是志愿者团体就是政府设置的附属机构。没有政府做后盾的纯民间NPO想要在乡村靠社区营造维持运营,确实不是件简单的事。即便困难重重,能够自主创收的NPO是今后日本社会不可或缺的角色,发展薪资水平合理又能为社会贡献的事业。但光靠政府人员和学者的呼吁是远远不够的,还需要真正的实践者。正是意识到这一点,我才放弃了公务员工作,专心从事NPO事业。

地板上的凹陷,填补还是绕开

我从学生时期就立志要做公务员,毕业后顺利进入兵库县政府机关工作。因为我是土木专业,能去的部门也仅限土木和社区营造。实际上我被分配到的部门有河川科、土木事务所、道路科、城市规划科、财务管理科、高速公路科、社区营造科、交通政策科、技术企划科等。多次的人事变动,没有一次是与我志愿相符的部门。但也因此我获得了许多自己不曾预期的经验,现在觉得那些都是很宝贵的。

在日本,立志要做公务员的人大都说过"想为社会做贡献"这样的话,但是在政府机关工作久了,却目光日益暗淡,变得常常抱怨、愁眉不展,这是什么原因呢? 当然也不是只有政府机关,其他大企业里也有这种情况。规模大的组织机构总要面对这个问题。希望看到这本书的你不要变成这样的人，要做就做一名优秀的公务员吧。

日本的公务员一般两三年就会有一次人事变动。每到一个新部门，时间长了就会发现部门里存在的问题，就好像地板上的一个个凹陷。或许是因为前任领导没有填补这些"凹陷"。对他们来说，如何绕开这些问题安全地行走成了最重要的任务。于是，他们练就了避重就轻的本领，擅长找借口和逃避问题，当然脸上也总会愁云密布。

当然也有一些优秀的公务员（很遗憾不占大多数），我认为自己也是优秀公务员的一员。在我29年的公务员生涯里，每到一个新部门都忙于解决存在的问题。其中有防灾调节池技术的基准制定、受灾河流改造项目、车站前广场基本设计方案、施工中断的高速公路的现场调整、景观建设或土地利用控制相关制度的制定等。这些都不是出于多伟大的理想，我只是奋力地填补着凹陷。对我而言，这些最后都成了宝贵的人生财富，只有付诸行动的人才知道如何填补凹陷。这些日积月累的工作经验也在继续支持着我从事现在的工作。

任丹波县民局社区营造科科长时期（2001～2003年）

2001年春天，我被派到丹波（兵库县东部的城市），担任丹波县民局社区营造科科长一职。丹波地区拥有大片良田，却一点都没有城市的影子，我不禁疑虑这里该如何进行社区营造。当时 JR 筱山口站和舞鹤高速枢纽附近已经开始出现小规模居住区开发项目。县领导们提出的指示是"丹波不适合小规模开发,你们要想想办法"。

匆忙赶到项目开发现场视察的其他人却一致地说:"领导们为什么这么认为呢?"他们觉得这些开发项目都依据法规实施,在城区进行的话不存在任何问题,一定是领导们的判断有误。任何法律法规都是为了社会更好地运转而制定出来的,因而不存在绝对不可动摇的内容。不符合时代的内容就会成为巨大的障碍,不优秀的政府人员好像总是不明白这一点。

我是赞同项目开发的决定的,在职期间我参与了兵库县的相关条例的修订来指导小规模开发项目。既然没有城市的样子,何不去保护并营造优美的乡村风貌呢?接着我提议制定新的景观指导规范。当然此话一出就陷入了四面楚歌的境地,周围的人都觉得我做的事是多余的。上司甚至悄悄从背后靠近我说:"小金,别做这事了吧。"因为谁都没有把这个反映给上级,也就没人成功阻止我。三年的任期里,我顺利完成了条例修订和新的景观规范的制定。

古民居再生事业的开始

项目结束后我回到了兵库县政府继续工作,同时通过 NPO 活动开始了筱山地区的古民居再生事业。它的契机是，我的同事在筱山购买了一栋占地面积300多平方米，有150年历史的老町屋，想要改造之后再利用。古民居采用适应当地气候和风俗的建造方式，是用当地原材料建造而成的珍贵的文化遗产。我们两个町屋爱好者，加上景观专家、建筑师、社区营造顾问一共五个人成立了NPO。大家都作为志愿者参与了古民居再生计划的制定，之后花了两年完成了建筑再生。

古民居再生的花费巨大，往往被人看作是一种有钱人的爱好。一般的设计师和建设公司会说："不如拆了重建更经济。"于是一栋栋古民居被拆除，变成了由住宅开发商建造的普通住宅，就这样原本的街景被破坏了。我们花1 000万日元购买了300多平方米的町屋，在志愿者和建筑专家的帮助下改造修缮，最后以2 300万日元的价格出售。几乎立刻就被人购买了，这也证明了濒临废弃的古民居也可以用不太高的成本再次进入住宅市场。

任筱山市副市长时期（2007～2011年）

2007年春天，经过县政府的人事调动，我担任了筱山市副市长。我的工作领域主要是负责导入景观法、土地利用规划制度，还有所有关于市政建设的内容。当时市政府的首要工作是财政重建，于是我上任后不得不立刻进行严格的行政与财政改革，强制一部分职员提前退休，削减提供给当地的事业扶助金、行政服务等，为了维持财政迫不得已地采取了这些措施。虽然暂时避免了财政破绽，但距离恢复到良好状态还很远，财政紧缩的局势仍在继续。

一直被动地接受是很痛苦的，于是我觉得应该尝试新的社区营造活动来扭转这个局面。为此提出的正是现在实施的古民居再生和空置房再利用等举措，实行这些举措需要民间的法人组织作为实施主体。实际上作为行政与财政改革的一部分，日本政府也在提倡整合"第三部门"（政府和企业以外的组织和机构），促进政府事业的民营化。正是在这样的政策环境下，2009年2月"一般社团法人NOTE"成立，我作为组织代表展开了新一轮地区再生事业。

同年10月我们的第一个项目"村落丸山"正式落成开业。只有12户居民的小村落里7户已是无人居住的空置房，为此我们在这个村落展开了再生事业，把其中3户人家的空置房改造成整栋预约式的旅馆和法式料理餐厅。我们和住在村落里的5个家庭一共19人成立了NPO组织来运营整个设施。NOTE作为支援型组织负责改造施工工程和资金筹集，也制定好了未来10年与村民一起运营设施的计划。这之后还在城下町地区，与产品设计师喜多俊之先生合作开设了传统工艺商店"筱山艺廊KITA'S"、古董杂货店"HAKUTOYA"、季节料理店"SASARAI"等商铺。

2011年春天，正是55岁的时候，我结束了4年的副市长任期，也放弃了回到县政府工作的机会，荣幸地被聘为流通科学大学的特聘教授。但随着NOTE的业务越来越多，3年后我还是辞去了教授一职，专心投入地区再生事业。最终我为自己选择了支援型组织这个角色。

朝着新时代迈进

2015年6月NOTE更是单独成立了专门承接筱山市政府委托业务的分公司。现在的NOTE只有10名员工。他们基本都是返乡或移居来筱山的个体事业者，来自IT、景观、市场策划等各个领域。NOTE作为社会创业公司，根据每个项目的特点组成团队，灵活地应对现场需求。2015年10月，由团队实施的"筱山城下町宾馆NIPPONIA"顺利开业，它由分散在该地区的4栋房屋组成，一共有11间客房。

在项目中我的任务是进行房屋使用权的交涉、在当地居民和企业之间协调、事业整体构想等，涉及内容广泛。但最主要的任务还是构筑PPP（官民合作）新型事业模式。比如，日本有"指定管理"这种由政府指定民间组织管理公共设施的方式，而我提出了由民间组织不收费用地运营属于地方自治体所有的文化财产类建筑的方式，也称为"活用提案型指定管理方式"。还有为了消除古民居再生的阻碍因素，放宽了建筑基准法和旅馆行业法中的相关控制基准。在政府工作的经验，以及在那里填补了无数个凹陷培养出的技术，都很好地运用到我现在的工作里。任何组织都一样，无法从外表一窥究竟。跳进组织的大水缸、奋力地拍水、大口地呼吸，吸收到的东西有好有坏但都能帮助我们更透彻地理解它。接近30年的公务员生涯造就了现在的我。

你可以从填补眼前的凹陷开始，偶尔停下脚步看看周围，寻找自己真正渴望的生活方式。曾经人口增长、经济成长时代里的价值观和社会体系，与今后人口减少时代里应有的价值观和社会体系一定是截然不同的。这都需要通过你的工作去描绘社会全新的轮廓。

NOTE的古民居再生、空置房再利用、历史街区再生等事业正在全国范围内展开，这也与日本政府提倡的地方创生政策不谋而合。为支援事业发展和提供事业资金，我于2016年5月设立了"株式会社NOTE"。而来自全国的业务委托也证实了日本目前还很缺少我们这类支援型组织。如果还是公务员的话，现在我已经到了法定退休年龄，但我暂时还不会退休。为了现在的事业，我还想再努力一段时间。

国家的工作
（国土交通省）

国土交通省是日本的公共机关之一，它的任务是为实现国民健康安全的生活，通过硬件与软件的基础建设，创造有活力的社会基础、打造安全美好的生活环境、保护地区多样性。经过国家公务员考试、机关访问参观、面试这一系列流程，最终合格者才能进入该机关工作。

其中，综合技术职员会作为机关干部的候选人来培养。入职后，首先会重点在一个固定的业务领域培养基础能力，之后再分配到其他领域，培养运用综合视角做企划和立案的能力，就这样不断地积累工作经验。建筑部（住房、建筑、城市规划）职员的任务是：为了实现安全与舒适的生活环境，建设高品质生活空间，在住房政策、建筑政策、社区营造政策等各个领域里，承担政策的制定与实施工作。从入职的第一年开始就需要参加讨论，积极地提出意见，并协助各类政策的制定。

与社区营造相关的部门有：提升国民居住水平与住宅建筑品质、确保安全舒适的生活环境的住宅局；推进城市再生和地区多样性的都市局等。一般两三年会有一次人事调动，职员可能被派往别的地区的公共机关、地方公共团

175

笔者简介：中泽笃志 Atushi Nakazawa/1971年出生。国土交通省职员。大阪大学研究生院工学研究科环境工学专业毕业。之后就职于当时的国土交通省。兼职经历/加油站。休息日/一周两天。假期生活/和家人一起为川崎职业足球队助威。

体、UR（都市再生机构）等。

　　不论派往哪里，职员们都不会直接参与到社区营造活动现场，而是为地方公共团体等相关机构创造良好的事业环境，从制度层面支持他们。住房领域的相关机构不仅有地方公共团体和UR，还包括从事住房建设、维护管理、住房市场流通、住房保险、金融等事业，提供相关生活服务的私营企业和NPO。

　　我在学生时代参与过阪急礼中车站前商业街项目和阪神·淡路大地震灾后复兴社区营造项目。在这两个项目中我目睹了政府机关、综合开发商、设计公司、顾问公司等饱含热情的工作姿态，深受鼓舞。在参加录用考试时，我表达了想要做与支援社区营造现场相关工作的决心。工作的第一年我就提案并参与制定了支援再开发事业协调业务的制度。自己参与制定的政策能够落实到当地，起到推动社区营造的作用，对我而言就是这份工作的价值。像这样从零开始思考，与社会上多样的主体一起创出新的社会体制的体验，是别的行业没有的，也是这份工作的乐趣所在。

　　近年来，随着日本迈入少子高龄化、人口减少的社会，以空置房问题为例，越来越多的社会问题需要跨越"官"与"民"的界限，寻求比以往更多的主体参与协作。在这样的社会环境下作为一名国家公务员投身到这项事业中我感到无比光荣。

🕐 **笔者的一天：**
`7：00` 起床 → `9：30` 到机关办公室、开始工作 → 负责领域的信息收集、制作资料、关于新政策的协议和调整、现场听取意见、制作答辩资料 → `23：00` 下班 → `0：00` 回家 → 就寝

工作满意度 ★★★★★　　收入满意度 ★★★★　　生活满意度 ★★★★★

国家的工作
（经济产业省）

经济产业省是以增强民间经济活力及推动对外经济的顺利发展为核心，实现经济和产业稳定发展的国家机关。从激活地方经济的角度出发，设置监管社区营造工作的部门——活化中心城区办公室。经济产业省在社区营造中起到的作用是：对经济活动高度集中的中心城区的社区营造活动进行支援，从而促进城市功能的集约化。这不仅能削减政府的城市建设成本，集中布局零售业、应对本地需求建设的新商业设施、物流高效率化等能够使零售业与服务业更加高效率，最终达成不断提高地方经济活力的目标。

活化中心城区指的是：作为社区营造主体的地方公共团体、当地居民、相关事业者相互间达成协作关系，在中心城区集中投入经营资源，由各主体去制定规划并实施。经济产业省会向依据规划建设商业设施的民间事业者提供各种鼓励政策，比如扶助金、税减免政策、放宽城市建设限制条件等。另外，针对有意向参与社区营造的人，大力推进社区营造人才培养事业，比如开展研讨会（讲课或现场实习等）、专题座谈会、开设叫做"社区活力站"的网站提供相

笔者简介： 永野真吾Shingo Nagano/1982年出生。经济产业省职员。广岛大学经济学毕业后，入职于宫崎县小林市政府，后晋升到经济产业省任现职。兼职经历/居酒屋、物流工厂。休息日/一周两天。假期生活/和家人去户外活动。

关信息和教材等。

经济产业省平时的业务包括：开会讨论如何根据实际需求制定支援政策、策划研讨内容，以及关系到政策执行的工作。

在制定与执行政策的过程中，会遇到活跃在当地社区营造现场的人们，有幸与他们谈话交流。如果说活跃在社区营造现场的人有什么共同点，我想是他们都视社区营造为己任，不把现状归咎于其他因素，而是充分预见未来，从自己开始行动。像这样增进与当地人的交流，是捕捉当地经济活动状况的宝贵机会，对制定政策的人来说也是绝好的 OJT（On-The-Jop Training），即现场实践的机会。

日本一线城市以外的地区今后会面临进一步的人口减少与少子高龄化现象，地方经济的严峻局面还将持续。今后的经济产业省也要在稳定地方经济与社区营造工作之间寻找平衡，继续完成政策立案、企划、执行的工作。

🕐 **笔者的一天：**
`6:00` 起床 → 到达现场协商 → `16:00` 离开现场 → `18:00` 回到机关办公室、写报告书 → `20:00` 下班 → `21:30` 到家 → `0:00` 就寝
工作满意度 ★★★★　　收入满意度 ★★★★　　生活满意度 ★★★★

都道府县的工作
（东京）

日本第一大城市东京约有1300万居民。在东京担任城市基础建设与城市管理的技术员，包括土木、建筑、机械、电力等行业约9000人。

技术员的工作主要与城市建设相关，包括政策立案与决定城市规划案；建设和维护道路、铁路、港口、上下水系统等基础设施；推进土地区划事业和城区再开发；运营和管理城市交通；建设和管理城市住宅；指导住宅区开发和建筑物建设等。

另外，还有为迎接东京奥运会的各项准备工作，以及在地震发生时保障东京的安全工作，落实推进"木造建筑密集区不可燃化10年项目"。技术员会接手东京的重大项目，发挥自己的技术特长。这些项目的规模往往很大，我在这里主要介绍在城市建设中的土木部和建筑部相关工作的魅力。

首先关于土木部，东京政府现有约3000名土木技术员。它的第一个魅力是工作涉及的项目规模大。比如，有

笔者简介：土桥秀规 Yoshinori Dobashi/东京城市整备局市街地整备部区划科科长（土木部）。1987年工作以来，曾被分配到下水道、建筑、城市整备局等多个机构。兼职经历/测量公司。休息日/一周两天。假期生活/徒步锻炼。
栗谷川哲雄 Tetuo Kuriyagawa/东京城市整备局市街地整备部再开发科科长（建筑部）。1993年工作以来，曾被分配到住宅、建筑、都市整备局等多个机构。兼职经历/设计公司。休息日/一周两天。假期生活/带爱犬散步。

连接临海城市主干道环状二号线的建设项目，还有为提高国际竞争力而建设的东京湾大规模集装箱码头等。建设的设施大多是支撑东京经济活动与居民生活的大型建筑物。对于土木技术员来说能接手这样的项目是不可多得的机会。

第二，技术员有大量机会在建设现场的最前线发挥自己的技术。相比其他地区，东京自主发起实施的项目很多。比方说，作为实施者推进城区整治事业；承担东京的公共上下水道建设。作为项目实施者之一，可以在建设现场与当地居民交流并参与施工。这不仅能培养工作现场的感知能力，还能磨炼专业技术。

第三，运用自身技术的同时能为社会做贡献。举例来说，为应对高速发展的城市化而研发的东京上下水道系统，在很短的时间里就得到普及，并对多个国家的管道建设进行了支援。

接下来介绍的是建筑部（员工约700人）的工作魅力。同样举例来说，建筑部经过城市规划的相关政策引入能够推动城市更新的优质民间项目，同时对社区营造项目进行引导协调。这些是引导东京迈向更好发展的重要工作。除此之外，公共设施和都营住宅等大量建筑物的设计、施工管理等工作，能够磨炼技术与成本估算能力，以及交流与协调能力。

⊙ **笔者的一天：**
`6：30` 起床 → `9：00` 到机关 → 确认扶助金交付的相关申请书 → 路中 → 与关东地区各地方整备局协商 → 路中 → 座谈会的准备工作 → `19：00` 下班 → `20：30` 到家 → 晚餐后洗澡 → `0：00` 就寝
工作满意度 ★★★★　　收入满意度 ★★★★　　生活满意度 ★★★★

都道府县的工作
（岛根县）

现在都道府县关于社区营造的举措中，不只有以设施建设为中心的城市整治事业，还有针对过疏地区及山区农村的措施、吸引城市人口移居、引入人才到地方工作的政策等，兼顾硬件与软件的提升。我所属的岛根县的岛根生活推进科主要担任本地建设支援、山区农村支援和促进常住人口市民化三个方面。为了更广泛地展开各地区与市町村的振兴事业，2012年将生活推进科改制为新的组织机构。

我被分配在推进城市人口返乡、促进常住人口市民化的工作小组，在其中主要参与建立有助于引入城市人才的制度架构。这不是硬件配套上的社区营造，因为建设社区并进一步活用社区资源，促进其发展的关键都在于"人"。因此，在率先进入人口减少社会的岛根县，为了确保城区优秀人才的引入，激活城区活力，我们部门每天都积极地开展着工作。

举例来说，首先是在东京和大阪两地举办课题解决型系列讲座"shimakoto academy"。它名字的来源是"何不来

笔者简介： 河野智子 Tomoko Kouno／1985 年出生。岛根县地域振兴部岛根生活推进科主任。北九州市立大学毕业后，入职岛根县政府。于地方机关工作后调动到现在的部门任职。兼职经历／活动举办临时员工。休息日／一周两天。假期生活／开车、读书。

岛根发展事业？"这句面向对岛根有兴趣的市民发出的邀请口号。在为期半年的系列讲座里，开诚布公地说出了县里存在的问题，让参与者运用自己的技能特长，思考用何种方案、何种方式去解决这些问题。在东京，这个活动已经举办了5年，涌现出一批批着手实践方案的毕业生。他们有的返乡后在岛根县开起了青年旅馆，有的虽然住在东京但积极参与岛根县当地的项目，如活用废弃学校的设计活动。

第二个案例是"岛根定住satellite（卫星）东京/大阪"活动。同样锁定东京和大阪两地，开设吸引人才的活动据点，在那里每月举办一次提供岛根情报信息的研讨会。活动目是挖掘潜在的有移住意向的人。每场研讨会都会变换主题，如小岛移住、林业、农业、恋爱等。这些活动都与县里各领域的相关部门协作举办，希望通过这些举措将岛根县变成更多人选择的移住地、事业地。

工作中我时常感受到"贴近力"的重要性。为了让对岛根有兴趣的人在这里充分施展拳脚，贴近每个人拥有的技能和愿望，还要贴近当地社区营造的真正需求，即想要打造什么样的社区。因此，只有愿意贴近现场并把这些当作自己的工作的人才适合这份工作，才能够活跃在这个领域。

⏱ 笔者的一天：

`5：00` 起床 → `7：00` 到单位 → 县政府的日常业务，与企业协商 → `19：00` 下班 → `19：30` 到家 → 晚餐 → `23：00` 就寝

工作满意度 ★★★★　　收入满意度 ★★★★★　　生活满意度 ★★★★

市町村的工作
（政令指定城市）

　　市町村的政府工作中，与市民生活直接相关的除了社区营造，还有文化、产业、少子高龄化对策、环境、防灾、垃圾处理等，涉及许多领域。目前全日本仅有20个政令指定都市，这些都市不仅能获得县政府委任的许多特别权限，与上级政府行使同级别的职能，还能作为基层自治体广泛地开展工作。

　　我在大学就读建筑与城市规划专业时，接触过自治体的职员并亲眼看到他们的工作状态。当时横滨市正开展城市设计等新事业，有学长在那里推进这类先进的街区营造事业。受此影响我选择了报考公务员，之后参加了横滨市政府的职员选拔考试，作为建筑岗位职员顺利入职。

　　市政府社区营造的工作内容有：预测城市的发展前景并制定政策，实施城市开发事业，建设市政道路和公园，还有指导民营企业的开发建设活动，市民和事业者协作的社区营造活动等。近年来，经济政策、超高龄化及育儿问题的应对、环境政策等，越来越多的软性措施也融入社区里，像

笔者简介：秋元康幸 Yasuyuki Akimoto/1958年出生。早稻田大学理工学部建筑学科毕业后就职于横滨市政府。曾任城市设计部部长，现任环境与未来城市推进部部长。兼任横滨市立大学、日本大学兼职讲师。兼职经历/家庭教师等。休息日/一周两天。假期生活/旅行、散步、去美术馆。

这样的综合型社区营造就变得更加重要。因此不只有建筑同行之间的协作，也会有与其他技术行业的协作。

城市发展除了关系到土地和房屋所有者，还与日常在这里居住、工作、学习的人和外来访客等有着密切的关联。在实际推动社区营造的过程中，需要不断与当地人交流意见，有时候需要委托专家，也就是顾问公司来执行，或者听取大学老师的建议。

市政府就像总指挥台，制定关于社区营造的具体政策，实施项目，最终目标是提高市民的幸福指数。用从市民那里征来的税金，做推动社区营造的工作，这是对城市未来发展的重大责任。因此我们组成团队，反复讨论城市蓝图，并将它整理成具体的政策和项目，带着这些具体的内容与相关事业者达成共识，认真谨慎地推动每一个社区营造项目的实施。但有时候大胆的改革和执行速度也十分必要。

在与国家大方针的磨合、与周边城市关系的协调中，明确了城市的发展方向并提出具体的解决方法。同时联合市民和当地企业一起实践，从而解决现存的城市问题。因为日本政令指定都市同时具备县级的宏观调控能力和市町村级的机动性。正因如此，政令指定都市肩负着在人口减少、超高龄化社会这样的时代背景下领跑的重大责任，为其他城市创造范本式的政策及实施方式。

⏰ **笔者的一天：**
`5：00` 起床 → `8：00` 上班、查看当日新闻和邮件 → `8：30` 机关内协商会议 → `12：00` 午餐 → `13：00` 到现场与专家协商会议 → `18：30` 参加自主研究会 → `21：30` 到家 → `23：00` 就寝
工作满意度 ★★★☆ 收入满意度 ★★★★ 生活满意度 ★★★★★

市町村的工作
（特别区）

　　特别区指的是东京的23个行政区，也是最贴近居民的基层自治体。特别区不同于政令指定都市中的行政区，它拥有区长公选制度、区议会、条例制定、课税征收等多个特别权限。在职员选拔时，特别区进行统一的职员选拔考试、研修、人事工作交流、管理职位选拔考试等。因此，首先要通过统一的选拔考试，合格后参加各区的面试，最终成为23区的职员。

　　可以说区政府的工作本身就是社区营造，包含企划总务、居民生活、保健福利、城市建设、教育这五个方面，其中与社区营造紧密相关的是城市建设领域。社区营造相关的职位有土木、造园、建筑、机械、电力等技术岗。我被世田谷区政府建筑技术岗录用。在录用和人事调动时会根据本人的意愿和能力决定配属的部门。

　　我将自己目前的工作进行了大致的分类：① 启发事业（策划景观营造类工作）。② 制定规章制度［为"福利之家的社区推进条例"（当时名称）制定建设基准、修订街区营造条例等］。③ 审查指导（关于过窄道路的拓宽整治进行前期协

笔者简介：清水优子Yuko Shimizu/1970年出生。世田谷区环境综合对策部能源政策推进科科长。早稻田大学理工学部建筑学本科毕业，同学科研究生毕业。1994年入职于世田谷区政府，2016年开始任现职。主要著作有《为实现长久居住的新社区营造手法》。兼职经历/城市规划顾问公司、家庭教师等。休息日/一周两天。假期生活/为儿子的足球比赛加油。

议、审查或检查依法提交的各类申请书）。④ 在问询窗口提供信息（关于城市规划、城市道路与建筑）。⑤ 还有公共设施（包括建筑物、道路、公园等）的设计、施工及维护管理、取缔违法建筑、促进耐震化建设、空置房对策、收购街区营造和道路建设所需的土地等，工作内容多样。我目前从事推进各自治体联动展开活用自然能源的工作。

各部门在出现需要协调的事项时，基本会通过协商会议来解决。因为有了在各部门工作过的经验，担任过各种职位，熟知的职员也越来越多，协商变得越来越顺利，工作也就更加有动力。想要积累多种工作经验的人，笔者极力推荐这份工作。

部门和职位不同，工作中面对的人群也会不同。如居民、建筑土木的专家、普通企业、其他地方自治体和政府、政府议员等，他们从自身立场出发，对社区营造有不同的理解。我们需要做的是向他们耐心地说明、促进信息共享、统一意见等。懂得说服他人虽然重要，但作为一个团体也要在必要的时候学会放弃与妥协。

社区营造工作单靠行政力量无法顺利进行，与居民协力、社区营造（主要是保健福利领域和居民生活领域）的融入。还有官民学合作，在今后会变得更加迫切。我很喜欢东京23区，这份工作能够接触到许多人，并为城市发展做贡献。如果你也对此感兴趣，不妨试着敲一敲特别区这扇大门。

🕐 笔者的一天：
5:00 起床 → 做家务、早餐 → 7:15 出门 → 8:00 到机关 → 与事业者协商、审核文件、协商会议、准备会议资料 → 18:30 下班 → 19:15 到家 → 做家务、晚餐、监督儿子的发音练习、洗澡 → 23:00 就寝
工作满意度 ★★★★　　收入满意度 ★★★★★　　生活满意度 ★★★★

市町村的工作
（地方城市）

在地方城市，如市町村的城市规划内容很广泛，主要包括城区再开发、土地区划整理、公园建设、道路规划、住房对策、高速公路建设等。针对这些内容，除了制定规划方案，作为公务员还须保证其符合法律条例。因此也会有依据城市规划法、建筑基准法、城市再开发法、景观法、城市整治特别措施法等相关法律发放许可的工作。山形县鹤岗市的城市规划科由城市规划组、公园绿地组和管理组组成，一共有18名职员，其中事务类职员15名，技术类职员3名。建设部的其他部门也设置有土木科和建筑科，大部分的土木技术职员和建筑技术职员会被分配到那里。本市没有设置专门的城市规划技术人员岗位，因为这类专业人员录用时不分事务和技术。

把城市规划作为职业是很棒的选择，因为可以亲手打造自己的城市。你的孩子会自豪地说"这个地方是我爸爸建造的"，像这样的工作是难能可贵的。既可以作为委托规划与设计、施工和管理运营业务的甲方参与建设的全过程，又能作为城市协调员参与项目，这样的工作也只有地方公务员

笔者简介：早坂进Susumu Hayasaka/1961年出生。山形县鹤岗市政府建设部城市规划科科长。专修大学商学院毕业后进入市政府工作。兼职经历/英语会话讲师，接待员。休息日/一周两天（大概）。假期生活/户外运动。

可以实现。当然这都建立在与居民和各领域专家协作的基础之上。本市早在1986年就开始了与早稻田大学的合作，在大学的指导下采用居民参与型工作坊的手法，实践了制定城市总体规划与景观规划、市中心商店街再生项目等。更加有魅力的地方是可以构建社区营造的整体框架。比如，人口密集的居住区出现大量空置房时，不固守于大规模再开发或地区整体规划的空置房对策，可以由居民将空置房或空地赠与或廉价出售给政府，结合社区营造花较长时间推进具有连锁性的空置房再生。由大学、房地产公司、政府三位一体共同开发的"LAND BANK事业"，正是地方城市才会有的创意。现在"LAND BANK事业"委托非营利组织运营，并成为国土交通省的空置房对策的模板。

说了这么多关于这份工作的优点，当然它也有自己的难处，因为魅力值和付出的努力往往是成正比的。与居民的交流可能会陷入困境，与建筑公司协商就不得不学习大量建筑土木方面的专业知识，甚至还要应对市议会。最近，安定的公务员在就业志向里人气很高，但它绝不是大家想象得那么轻松。我任职于建筑科的时候，曾一边处理运营的住宅马桶水槽的裂缝排查，一边还要和大学教授开展社区营造讲座。我们城市规划科里也有因为喜欢都市模拟游戏"SimCity"而入职的人，我觉得对于有梦敢为的年轻人这份工作最适合不过了。市町村的工作充满乐趣，因为不管怎么说"故事永远发生在现场"。

⊙ **笔者的一天：**
`7：00` 起床 → `8：00` 到机关 → 查看邮件、召开项目会议 → 制作企划书 → `13：00` 午餐 → 到开发项目的现场视察 → 参加关于公园建设的协会 → `18：00` 回到办公室商谈业务、审批邮件 → `21：00` 下班 → `21：30` 晚餐 → `22：00` 洗澡、读书 → `0：00` 就寝
工作满意度 ★★★★★　收入满意度 ★★★☆　生活满意度 ★★★★★

地 方 议 员

日本的地方议员指的是通过四年一度的选举而选拔出的地方自治体工作人员。依据各自治体的规模，工作内容和薪酬会有差别。但主要的工作内容都是为实现"自己的街区自己来创造"的地方自治精神，代表居民意见，筛选政策和制定条例等。政府的政策执行和议会决定的过程对一般市民来说不容易理解，因此议员需要在市民和政府间、市民和议会间担任翻译一样的职能。另外，在感到政策需要改变时，议员可以提出修订法律。与地方公务员不同的是，地方议员是严守法律，将实现安定的民生作为第一要务的官员。

想要成为议员必须要过选举这一关。地方议员的参选年龄为25岁以上，需要在所在选区居住满3个月以上。当选议员后，除了必须出席常规会议，还要进行自主调查和研究活动，积极与居民交流，考察现场等。能够在决策会场发言，进行政策提案，是一份非常有分量且有意义的工作。

但是，日本的议员不在国家退休金和养老金制度保障对象范围中，甚至地方议会中有产假制度的都很少，不过新宿区议会率先制定产假条例引起了不小的社会关注。随着

笔者简介：横山苏米子Sumiko Yokoyama/1942年出生。神奈川县叶山町议会议员。都立日比谷高中毕业。曾任众议院速记员，离开众议院后曾参与消费者保护活动、本地市民活动等，后任町议会议员。休息日/不定，几乎没有长假。假期生活/做家务、去美术馆或博物馆。

第五章　社区的制度与支援措施

189

当选议员的女性增加，今后产假制度也能得到快速普及。

在过去，由权力地位高的人担任议员的情况较普遍，但随着日本地方分权改革的推进，更多行业领域的人参与议会选举。地方议员的选举规模较小，不像国会议员选举那样需要强大的组织和资金支持，通过和伙伴一起努力而成功当选的概率正在提高。另外，通过选举演说的方式，甚至有年轻人在竞争极为激烈的选举中戏剧化地当选，渐渐改变着自治体政治面貌的年轻首长也在增加。

活用议会制度必不可少的是与市民协力合作。比如通过开展专题学习会和分发宣传单向市民汇报工作，活用市民陈情与请愿制度，合理运用社交网站调研民意。我曾经参加过国会议员选举、首长选举和地方议员选举，从我的个人经历来看，选举的规模越大，越容易被迫对自身信念和想要贯彻的政策产生妥协，为此承受更多的痛苦。

即便如此，也要朝着理想不断拼搏。议员是肩负着重大责任的岗位。正因为我肯定这份工作的价值，即使冒着四年一度的落选而失去职位的风险，也想要继续挑战这项工作，尤其是在地方议会正迈向新台阶的这个时刻。

⏱ **笔者的一天：**
`6:30` 起床 → `8:00` 参加议会 → 自主调查与研修、参加本地会议、对应各种协商 → 回家（时间不定）→ 做晚餐 → 整理笔记、为第二天的会议做准备 → `0:00` 就寝
工作满意度 ★★★ 收入满意度 ★★★★ 生活满意度 ★★★

信用合作社

　　在日本,有像地方银行、信用合作社这样面向本地企业和居民提供金融服务的金融机构。地方银行属于股份制企业,日本的信用合作社则采用较为特殊的形式,叫合作组织金融。昭和初期出现金融恐慌时,银行纷纷停止对外贷款。人们为此感到十分困扰,当时有志者主动出资,设立了称为"信用组合"的合作组织金融。后根据1951年开始实行的信用合作社法,将信用组合一律更名为信用合作社。它是以相互扶持为基本理念的非营利法人,与生产合作社和非营利组织有着相近的性质。信用合作社提供储蓄、融资、汇票等金融业务,为当地生活和经营的居民提供服务,促进了地方经济的繁荣发展。

　　想在信用合作社就业的人基本都有着扶持中小企业,或者想为当地做贡献的动机。同时这也是较为安定的职业,能够让父母放心,也正是因为安定,业余时间还有可能参加志愿者活动等公益事业。信用合作社还拥有充实的员工教育和福利保障制度,给人一种可以为之勤恳工作的印象。

　　员工入职后的工作当然是向当地企业和个人提供金融

笔者简介：长岛刚 Tuyoshi Nagashima/1964年出生。多摩信用合作社价值创造事业部部长。法政大学研究生院社会科学研究科毕业。兼职经历/旅游公司导游。休息日/一周两天。假期生活/烘焙面包、做木工。

服务,除此之外,还要面临拓展产品销路、让事业持续发展等各种各样的问题。比如,和经营者讨论项目进展状况,或者为食品加工业的经营者和当地农民之间建立合作,还会向想开咖啡店的创业者提供资金方面的咨询服务。工作中常会出现一边为居民办理住房贷款,一边接受房产继承咨询的情况,对每一项工作都认真对待,就像一人扮演多个角色的舞台剧演员。

在地方创生的各种举措中,信用合作社积极地推动着地区活化。除了参加市町村的综合战略推进会议,还与企业和大学的研究工作相关,共同创出新事业,以及开展为引进高龄人才的招聘会。这些都为区域经济的发展活力助了一臂之力。另外,信用合作社的工作与自治体、非营利组织、市民关系密切,能够充分理解各方的立场,才能作为桥梁建立各方的联动。虽然短时间内无法获得成果,但从长远来看,信用合作社的重要职能之一就是在各方对话时起到黏合剂的作用。

抱有一切为了地区将来的使命感,大家同舟共济、同甘共苦,一起朝着美好的未来迈进。我想这就是在信用合作社工作的最大乐趣。

⏱ **笔者的一天:**
`4:30` 起床、冥想 → `5:30` 与家人聊天、吃早餐 → `6:30` 出门 → `7:30` 到公司、在公司里到处转转 → `8:00` 召开会议 → `10:00` 参加自治体会议 → `11:30` 和部下边吃饭边讨论事情 → `13:00` 会面商讨、共享信息 → `18:00` 下班 → 参加非营利组织间的信息交流会 → `21:00` 交流会结束 → `21:30` 回家 → `23:00` 就寝
工作满意度★★★★★　　收入满意度★★★★★　　生活满意度★★★★★

支援型财团

　　支援型财团也叫资助财团，指的是从企业和个人收集资金，通过运营资本获得收益再将收益提供给研究活动和地方事业来完成社会使命，以此为目的而设置的组织。随着时代发展，支援型财团不断重审需要资助哪些领域、哪些人和组织，选择合适的资助对象，支援它们达成事业目标。其中的各种事业都并非财团单独进行，而是与外部专家、现场人员共同推进。支援型财团事务所不会只坐等带着方案寻求资助的对象上门，也需要去现场，根据现场需求更早一步地改善和提升资助的方式和内容。财团员工的职业背景有：大学研究者、金融机关员工、非营利组织和非政府组织成员等，多种多样。既有专业性又有广泛性的领域，为了所资助的事业顺利达成目标，需要结合其他领域的资源、信息和人才。如果像社区营造那样针对特定地区展开活动的话，学习其他国家、地区的案例，介绍案例中的实践者也能促使新事业开花结果。

　　像这样负责一连串业务的职业被称为"program officer（项目专员）"，在美国有超过 10 000 人从事项目专员。而在日本项目专员还没有作为正式职业被接纳，只是作为出

笔者简介：喜田亮子 Ryoko Kida/1975 年出生。公益财团法人 toyota 财团项目专员。樱美林大学中国语中国文学系毕业后，入职公益财团法人 toyota 财团（当时的名称），负责 toyota 财团纪念事业"中国古代漆器展"。曾任职于研究资助和广告宣传等职位，现负责国内资助项目，向全国的地区营造活动提供支援。兼职经历/家庭教师，中华料理店。休息日/一周两天。假期生活/和孩子玩耍。

资方的企业调动到支援型财团工作的角色。

虽然东日本大地震发生后，资助社区营造的支援型财团有所增加。但日本社会中，资助学术研究活动的传统型支援财团占大多数，学术研究活动中大部分是科学技术方面的。近年来，在这种背景下派生了一类扎根当地的新型支援型财团，叫做"社区财团"。社区财团获得企业和个人捐献的资金，并资助那些投身地区课题的人或组织。爱知社区财团、京都地区创造基金、地区创造基金等，日本设立了约15个社区财团。因为对象地区是特定的，容易建立起相互熟识的人际关系。日本各地正开展着各种市民乐于参加的捐助活动，比如每喝一杯啤酒就可以完成一笔捐助的"干杯慈善"，祇园祭消灭垃圾大作战等。美国的全美财团评议会中对于社区财团的作用提到了三点：① 资金资助；② 资金筹集（通过捐助等）；③ 培养地区代表。支援型财团超越资金中介的存在，已经成为解决地区问题时必不可少的"协调员"，是积极展开社区营造活动的人们坚定的伙伴。

⊙ 笔者的一天：
`5:30` 起床 → 做早餐、洗衣服 → 和家人吃早餐 → `9:00` 到公司 → 回复应征资助的邮件 → 与应征者会面商谈 → 讨论、制作资料 → `16:00` 下班（育儿期间申请提早下班）→ 吃晚餐、检查孩子的作业 → `22:00` 就寝（每个月两次去资助的地区出差，可能当日往返也可能留宿一晚）
工作满意度 ★★★★   收入满意度 ★★★★   生活满意度 ★★★★

新的求职平台

日本工作百货
中村健太

选择放弃之后的新天地

　　放弃本来是个有消极意义的词语，但我认为是自己当初的放弃换来了今天的自己。学生时代，我想成为一名建筑师。一开始还挺顺利，但我意识到单靠设计无法实现自己的许多想法，于是放弃了建筑设计进入了房地产公司工作。可是工作了两年多，我开始对现状焦躁不安。为了消解这份情绪我下班后常去一家酒吧，多的时候一周会去六次。因为当时每周休息一天，所以除了那一天几乎每天都去。在那里，我独自一人静静地坐在吧台，一直喝到意识模糊。任何事物只要超过一定量，就会引发一些思考。有一天，我正在吧台喝酒，脑海中突然浮现出一个疑问："我为什么会总来酒吧呢？"我本来也不是喜欢喝酒的人，酒量也差强人意。我一直在吧台思考这个突然萌生的疑问。当然这里的酒和食物很美味，但绝不只这些，还有店里令人舒

笔者简介：中村健太 Kenta Nakamura／1979年出生于东京。编辑、实业家。日本工作百货代表。明治大学研究生院建筑专业毕业。职场人文库总监、GOODDESIGN设计奖审查员、"工作吧"项目指导、popcorn代表。主要著书有《在工作和人之间思考》。兼职经历／银行、NHK电视台。休息日／一周两天。假期生活／锻炼。

心的室内装潢我也很喜欢，但这也不是最主要的理由。然后我找到了答案，是想见熟知的酒保和店里的常客们！人才是真正的目的。

为用户提供招聘信息的网站（日本工作百货）

我一直不太擅长声势浩大的开场。比如，启用著名设计师的最新项目、开业派对上邀请大批业界名流进行交流、还没开业就在各种媒体上宣传博人眼球的新闻之类。我喜欢那些能让人一直想去的场所，这样的场所不可缺少的要素也是人。因为有想见的人，人们才一直去。

那么如何才能创造出这样的场所呢？我得到的解答是招聘网站——日本工作百货。如果是适合自己的场所，自然能充满活力地工作。反之，有活力的员工也让场所变得更具魅力。我探访了许多公司，与在那里工作的员工交谈。我想把这些谈话内容，包括工作中的不易都毫不掩饰地登载在网站上。我很重视每一篇文章的撰写，希望能生动展现被采访者的特征。我们的招聘网站上推荐的工作有：可以定制自己专属笔记本的文具店"kakimori"、制作木桶的"yamaroko酱油"等企业。介绍范围从北海道到冲绳，本地就业尤其具有人气。除了运营网站之外，还展开了许多别的项目。比如，为职场人文库出版的图书制作腰封，还有

🕐 笔者的一天：
`8:00` 起床 → 锻炼后去公司 → 讨论事情、撰写稿子、讨论事情 → `20:00` 下班 → 吃晚餐 → `1:00` 就寝
工作满意度 ★★★★　　收入满意度 ★★★★　　生活满意度 ★★★

"工作吧"项目,邀请各行各业的人体验一天的酒保工作。

最近正在策划的项目叫做"popcorn",它的理念是人人都可以播电影。这个创意是在日本百货招聘的面试中偶然想到的。当时前来面试的人是电影爱好者,于是我就问他既然学习了电影知识何不考虑进入电影行业工作。他回答道:"电影只是兴趣。"想把电影作为工作确实不易。他又说:"把自己喜欢的电影介绍给别人的时候特别开心。"与他的对话启发了我做一个小小电影院,但我深知难度很大。于是转念一想,开一家店时不时地放映电影会如何?可惜同样困难重重,比如找到可以自主放映的电影本身就很难,就算找到了每场电影的放映费也很高。而通过popcorn项目降低了操作难度,创造了实现各种自主电影放映的创意平台,大家可以通过它创造出可操作的电影放映会的形式。比如,在电影拍摄地开展放映活动,或者在大家看完电影后享用与电影相关的食物。2016年夏天该项目开始提供服务。

打造人与人互相熟知的场所

我们还展开了许多别的工作,然而所有工作的共通之处是,打造人与人互相熟知的场所。虽然我放弃了成为建筑师的道路,不过并没有放弃真正想做的。同样地,虽然日本工作百货网站在巨大的网络世界里显得微不足道,但我们力求打造一个人与人能互相熟知的招聘网站。前不久,我有幸受邀在母校的研讨会上演讲，演讲的标题是"放弃当建筑师"，万万没想到会在建筑系谈起放弃当建筑师这事。时代在不断改变，今后我也想诚实地面对内心，偶尔选择放弃一些事物，像这样生活下去。

位于东京清澄白河地区的日本工作百货网站的办公室。

勇于挑战的支援型非营利组织

一般社团法人 IWATE NPO-NET Support
菊池广人

支援地区的实践者

支援型非营利组织指的是，为构建富足的地区环境，支援社区营造和地区建设的实践者的组织。支援类型主要有帮助他们获得资金、与其他领域衔接、活用制度等直接性的支援，以及为当地的市民活动团体、企业和政府部门能更高效地展开活动，构建相应的体系等间接性的支援。业务内容非常多样。

梦想的转换期

我出生在岩手县盛冈市，在家乡念中学的时候，梦想是"进入体育的世界，通过体育的力量让家乡的人们有更多自豪感"。为了实现这个梦想我考进早稻田大学人类科学院体育学科（当时的名称），学习的是培养运动员的教练员的

笔者简介：菊池广人 Hiroto Kikuchi/1978 年出生。IWATE NPO-NET Support 事务局长。东北学院大学地区共生推进机构特聘准教授。兼职经历/学生时期开始社区营造、非营利组织等活动，其他还有会员制健身俱乐部等。休息日/每周一天半。假期生活/教课、开展活动、打业余棒球。

专业技能。

然后这个梦想在大学三年级的时候迎来了转换期。我所在的体力科学研究室，实施了面向当地居民的步行锻炼项目。在协助项目的过程中，我真切感受到了自己所学的知识可以直接地丰富老年人的生活。之后我尝试管理步行锻炼课程、自发组建社团、组织学生构建支援型组织等各种实践。同年秋天，早稻田大学与所泽市共同协助运营的项目"所泽市西地区综合性地区体育俱乐部"中，我担任了事务局的工作。在学习如何成为教练员的同时，拓展了事务局运营的职业道路。

勇于挑战的非营利组织

我们设立的支援型非营利组织是一个什么样的组织呢？有一句我一直铭记在心的话，是2008年见到IIHOE（人、组织、地球的国际研究所）的代表川北秀人先生时得到的一句忠言——"非营利组织预见下1步，实践0.5步的话，支援型非营利组织就需要预见接下来的2步，率先实践1.5步"。

这句话成为我的后盾，也促成了组织今天三个活动的宗旨："保持先占思维勇于挑战""归纳技术，为社区营造的主角的实践者们创造良好的成长环境""不做别人能做的事"。

也就是说，作为非营利组织最重要的是勇于不断挑战、

🕐 笔者的一天：
4：30 起床 → 5：00 处理工作 → 9：00 健康教室讲师 → 11：30 向沿海地区出发（在路上吃午餐）→ 13：00 关于灾区公共住宅的社区营造支援的讨论 → 15：00 利用高校解决地区问题的项目的协调工作 → 17：00 返程 → 18：30 和非营利组织的伙伴聚餐 → 22：00 就寝
工作满意度 ★★★★★　　收入满意度 ★★★★　　生活满意度 ★★★★★

不独占机会，而是向更多的实践者分享这些机会。这份工作的乐趣就在于带动周围的人一起开拓。

IWATE NPO-NET Support 一直保持这样的姿态，与北上市协作展开了支援市民活动的措施、促进城市总体规划中的市民参与、在景观建设等项目的实践阶段就展开协作等多个实践。

支援灾后重建

我们的姿态和实践在东日本大地震的灾后重建中发挥了作用。

北上市距离岩手县沿海地区较远，车行距离有90分钟左右，因此接纳了许多避难者，支援沿岸的自治体成了当务之急。在这样的情况下，2011年6月我们联合了北上市、北上市社会福利协会、北上劳工雇佣对策协会、岩手联动复兴中心、黑泽尻北地区自治振兴协会等多个组织设置了"kitakami复兴支援合作体"。除了共享活动内容，我们还接手各组织没能处理好的避难者社区营造工作，努力推进事务局的运营。

另外，在大船渡市和大槌町，北上市运用岩手县提供的扶助金代替受灾自治体雇佣当地居民，创立了"临设住宅支援事业"，进行临设住宅区维护和邻里环境形成的支援。到2016年，各自治体根据自身恢复状况开展临设住宅区的维护、房屋重建支援、灾区邻里环境形成等各种实践。

我们的事业得到了其他非营利组织、企业和研究机构的许多协助。这是因为我们的组织从灾害发生前就不断进行挑战和实践，当时结识的各领域人士也帮助我们实现了各种措施。

为成为当地必不可少的组织而努力

支援型非营利组织的特征是，结合当地特色，用长远的目光进行活动。政府领导会有换届和职位调动的情况，很难保障各项事业的持续性，民间的顾问公司必须以委托项目为重。而我们的组织可以保有长远的目标，不断挑战将来需要的事情，不断吸收新鲜资讯，积累经验，今后一定能

小学里的景观学习课程（笔者拍摄）。

成长为对当地来说必不可少的组织。作为支援型非营利组织，可以为当地率先进行"想法和活动"的投资，把这些投资与将来的发展联系起来。我们也因此获得当地的信赖，从开拓的新事业中获得收益。

创造能够不断挑战的工作体系，期待更多的年轻人加入到挑战的行列。

兼顾市民活动与市议会

一般社团法人AKITEN・八王子市议会
及川贤一

从顾问公司到议会

我连续当选了两届八王子市议会的无党派议员，同时担任NPO法人AKITEN的代表，主要工作是活用空置店铺开展艺术活动等为起点进行地区活化。

自己当初想要从基层的角度参与地方活化和地方自治体运营，于是进入顾问公司工作。后来因为想要直接参与行政运营，就参加了议员选举转而在议会任职。

想成为市议会议员首先在要四年一度的选举中当选，人们很难把这个职业当作自己的目标。如果把选举当作是推销自己这个商品，我的实际感受是，这甚至比推销自家公司商品的员工拥有更多主导权，也更简单易懂。

日常的业务内容有，在议会提案自己制定的政策，或运营促进地区活化的项目。这和我在顾问公司时的工作

笔者简介：及川贤一Kenichi Oikawa/1980年出生。八王子市议会议员。NPO法人AKITEN代表。东京都立大学研究生院经营学硕士毕业，曾就职于索尼、Mediocritas。和朋友在八王子市开设了咖啡店。2011年起担任八王子市议会议员。兼职经历/补习班教师。休息日/不定。假期生活/探访城市。

内容没有太大差别，而且得益于顾问公司期间培养的项目管理技巧，我在议会也能高效地同时运营多个地区活化项目。

政治家和非营利组织活动的两个圈子

在市议会休会期间，我会通过在NPO和社会团体的活动积极地走进社区营造现场。将现场发现的问题以及解决问题的方法加以整理，提炼为政策在议会上提案。这份工作的乐趣就是既能活跃在社区营造的现场，又能在议会上进行政策提案。

现场的主要活动是，在空置店铺开展艺术项目、农夫市集等活动，以及开展讨论空置店铺活动方法的工作坊。

AKITEN除我在以外，现有6名创意工作者。做这个项目的契机是我意识到八王子市内的空置店铺有增加的趋势，而艺术项目和工作坊活动能够有效地提升居民意识，促进居民自主发现问题并协同解决。

比起政治家滔滔不绝的演说，艺术家和创意工作者创作的作品，更能将想法通过视觉和触觉传达给别人，甚至打动人心，因此在空置店铺活用上有着很好的动员作用。

🕐 **笔者的一天：**
`7：30` 起床 → `9：30` 到单位 → 参加议会 → `17：30` 离开单位 → `18：00` 讨论会 → `20：00` 在咖啡店制作资料 → `22：30` 回家 → 吃晚餐、回邮件 → `2：00` 就寝
工作满意度 ★★★★★　　收入满意度 ★★★★★　　生活满意度 ★★★★★

借助艺术再生空置店铺

一直以来协助AKITEN的创意工作者们，用自己的创意为空置店铺抹上了亮丽的色彩。那些本来无人问津的店铺吸引了许多来宾。这样的艺术项目持续了两三年之后，以AKITEN为契机决心租下店铺开始独立经营的人正在增加。

另外，艺术项目和工作坊活动本身并不是解决方法，活动的规模和影响力也是有限的。所以想解决涉及整个街区、影响范围很大的问题时，必须要政府加入，一起排除预算不足和法律条例等限制要素。

从现场到政策提案

曾经我接到过这样一个咨询，咨询人想要利用AKITEN里使用过的市中心空置店铺，打造一个帮助残障人士与非残障人士交流的福利设施。

但是东京的无障碍条例中对残障人士福利设施有非常严苛的建设基准。如果想利用空置店铺设置这类设施，需要按标准配置电梯、拓宽走廊等大规模施工内容，实施难度自然变得很高。

为此我在议会提出放宽部分福利设施的建设基准的建议，比如不需要使用轮椅的残障人士使用的设施，或患有精神和智力障碍的人士使用的设施。于是2016年6月，八王子市成了东京第一个制定独立的建筑物无障碍设计条例实施办法的行政机关，为促进空置房与空置店铺在福利设施配置上的活用，放宽了一部分建设基准。

当然我的提案只是促成这一举措的因素之一，主要归功于政府方的努力。而我能走到议会提案这一步，要归功于推动空置店铺活用的过程中，在现场结识到的人们给予我的许多启迪和灵感。

通过在各个现场展开活动，与市民分享街区的发展方向和现存问题，将得到的群众智慧转换为政策。我的任务就是制定政策并在议会提案，作为市民与政府的中介推动大家朝着同一个方向进行社区营造。这也是实现市民协作的社区营造的方式之一。

空置店铺活用中，以空地为主题的创出游玩场地的项目"AKITEN PARK"（主办方：公益财团法人东京历史文化财团、NPO法人AKITEN。协办：八王子市。制作：YORIKO。摄影：铃木龙马）。

生活保健室

说起医疗，第一个想到的一定是医院。不过医院算是门槛比较高的地方，被人们认为是日常生活中不常去，也没有必要常去的地方。但不良的生活习惯导致的亚健康人群正在增加，老龄化进程在不断加快。为了促进地区的健康事业，需要在日常生活中预防生活习惯病，提早发现疾病。虽然明白这点很重要，但光靠大医院是很难实现的。可以说，人们只有病情显著的时候才会去医院。

上门护士秋山正子为解决这个问题自主开设了"生活保健室"。这个保健室位于老龄化严重的团地住宅区，任何对于健康的担忧都可以前来咨询，关于药品、认知障碍症、医疗护理、医疗用语等任何不明白或担忧的事情都可以到这里来寻求帮助。

在人口急增、住房紧缺的年代，是城市规划和建筑领域主导社区营造。当进入人口减少、高龄化的时代，换作医疗和福利领域来主导社区，因为在社区营造中这个领域的问题是不可回避的。今后的社区营造有必要吸收保健、医疗、福利领域的知识，形成良好的协作关系。日本厚生劳动省所提倡的地区综合性支援体系中，社区营造也应该作为手段之一加以应用。这时"生活保健室"一定能给我们很大的启发。（山崎亮）

生活保健室／受到英国"maggies center"的启发，于2011年7月开设。除了护士，还有3～4名常驻志愿者，免费咨询且无须预约。以60岁以上的老人为主要对象，日平均接待人数3～5名。收到的电话咨询很多。地址：东京新宿区户山2-33。

后 记

读完《社区营造工作指南》感觉如何？它用饱含热情的词汇介绍了63位社区营造行家的工作。一口气读完的话，现在会想打开窗透个气吧。那刚好也看看窗外，你的眼前是什么样的风景？也许是喧嚣的大都市，也许是宁静的原野。不论是什么样的风景，你都会带着社区营造行家的心境，重新审视这一切。

本书介绍了各种与社区营造相关的工作。就像前言里饶庭伸教授所说的，社会环境的多样化带来了更复杂的城市问题，全力解决问题的方式方法也不断增加。也许有的人在这本书里没找到自己正在思考的城市问题，那请务必试试用自己的方式去解决、去挑战。不论挑战成功与否，都会开创出一种新的社区营造的工作，而你就成了开拓这片新领域的领头人。

当然，刚走出象牙塔就只身投入新的领域需要莫大的勇气。幸运的是，这本书里所提到的社区营造工作不约而同地都强调了现场。与生活在社区的居民、实力派的专家促膝而坐展开讨论。一起挥洒汗水的过程中总会遇到许多艰辛，但也绝对是快乐的。人们活动的场所就是城市，在城市中生活或为城市工作则像每天上演的剧集。不论你选择了什么行业都一样可以积攒社区营造工作的经验。

我也是极其偶然地开始了社区营造的工作。在大学读建筑专业的时候就意识到，设计能力比我高的人很多，也许这不是我该选择的道路。想从事位于建筑项目上游的工作，却因为不知道具体工作而左右迷茫的时候，发生了2011年的东日本大地震。随后我便和实习单位的建筑设计事务所on design的西田司先生一起前往灾区当志愿者。在那里遇到为了把家园重建得比灾害前更具生气而努力的人们，我有幸加入他们，常驻在当地开始灾害重建中社区营造的工作。不知不觉间，我在建筑设计事务所担任社区营造方面负责人已经五年，不仅限于东北地区，也在全国各地着手了许多项目。这是我学生时代从未预想过的工作方式，却成了我现在唯一坚定的选择。

如果有人和当时的我一样，想要参与社区营造却不知怎么开始的话，不妨把这本书当作参考迈出第一步，也可以向活跃在本地的社区营造推动人咨询。能否遇到让人生更有乐趣的工作方式要看时运，但能否抓住这个契机则取决于我们自身。期待有一天能在世界上某处社区营造的现场与你相遇。

最后，感谢百忙之中为本书执笔的所有作者！

2016年8月　小泉瑛一